U0210512

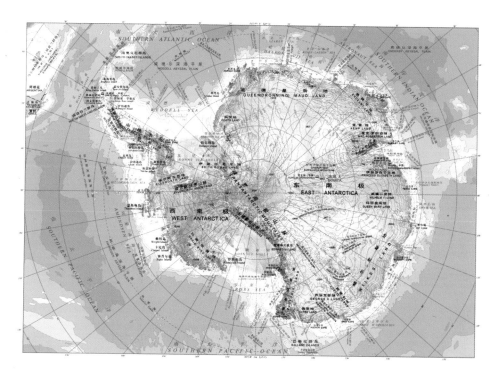

本项目的采访得到

国际极地年中国行动计划

支助

鼎立南极最高点

昆仑站建站纪实

陕西出版集团 陕西人民出版社

张锐锋 著

图书在版编目（ＣＩＰ）数据

鼎立南极最高点：昆仑站建站纪实 /张锐锋 著. —西安：
陕西人民出版社，2011

ISBN 978-7-224-08707-9

Ⅰ. ①鼎…　Ⅱ. ①张…　Ⅲ. ①南极—科学考察—中国
Ⅳ. ①N816.61

中国版本图书馆 CIP 数据核字（2011）第 202177 号

鼎立南极最高点：昆仑站建站纪实

作　　者	张锐锋
出版发行	陕西出版集团
	陕西人民出版社（西安北大街 147 号　邮编：710003）
	发货联系电话（传真）：（010）88203378

印　　刷	北京兴鹏印刷有限公司
开　　本	880×1230mm　32 开　7 印张　8 插页　148 千字
版　　次	2011 年 9 月第 1 版　2011 年 9 月第 1 次印刷
书　　号	ISBN 978-7-224-08707-9
定　　价	19.00 元

目 录

缘 起

自 序

第一章 遥远的南极

从猜测到探险/2

亘古荒原/2

猜想南极/5

探险南极/8

中国人在南极上的足迹/12

为什么去南极/12

初识南极/16

升起国旗/22

第二章 格罗夫

两条科考主线/30

第22次科考/32

"雪龙"号/32

1

轮机长/37

科考队员们/41

驶向格罗夫/48

冷酷西风带/48

冰　障/54

危险与激情/57

蛮荒格罗夫/62

山/64

陨　石/68

岛　峰/74

地吹雪/78

在南极过春节/82

"南极精神"/86

第三章　冰穹A

不可接近之极/92

最具科考价值的区域/92

"金羊毛"寓言/95

向南，一直向南/98

1997，首次挺进：内陆冰盖/98

1999,第三次挺进:近在咫尺的冰穹A/105

2001,首次钻冰艾默里/109

2005,登顶冰穹A/115

起　航/115

穿越西风带/116

挺进冰穹A/119

出　发/122

成功登顶/126

发现大山脉/128

2008,准备建站/132

第25次科考/132

"南极大学"/139

第四章　昆仑出

南极的冬天/148

深度寂寞/148

情感交流/152

海冰重重/158

破　冰/158

命悬一线/162

进入中山站/167

昆仑崛起/173

昆仑欲出/173

站址选定/177

中国红　五星黄/183

中华天鼎/186

立鼎最高点/186

南极上的昆仑/192

南极科考大事记/202

后　记/210

缘 起

在2007—2008年第四次国际极地年(International Polar Year, 英文简称IPY)活动开幕之际,中国科协和中国作协主办的《十月》杂志《科技工作者纪事》栏目,邀我采写记述中国南极科学考察的纪实文学。起初,我并没有很强烈的感觉,然而,进入采访之后,我的内心渐渐不平静起来。

我发现,中国确有这样一个不为浮躁社会环境所动的特殊群体——南极科学考察者。他们不计个人得失,将生死置之度外,在没有任何前人经验可借鉴的情况下,仅凭借简陋的设备,在先后十余年时间里,穿越气候恶劣、风暴肆虐、凶险奇绝的冰雪极地,开辟了从东南极深入内陆腹地的地面通道,一条通往南极唯一外露岩石的地区格罗夫山,一条通往南极冰盖最高点冰穹A,这两条通道在极地考察史上科考价值极高。而最终,他们不仅代表中国、代表人类第一次登上了号称"不可接近之极"的冰穹A,还在此建立了昆仑站——中国第三个南极科学考察站。此举堪称极地考察史上的里程碑。

1979年底,中国科学家受国家委派参加国外考察队首次到南极考察;1985年中国科考队在南极大陆西南边缘的乔治王岛南部登陆,建立了第一个科考站——长城站;1989年在东南极的拉斯曼丘陵地带建立了第二个科考站——中山站;2009年中国成功地在南极冰盖之巅建立了昆仑站,同时,还开辟了从中山站通往格罗夫山的地面走廊。整个时间跨度30年,而这30年正伴随着我们国家改革开放的历程。

回顾20世纪80年代以来，中国进入南极国际事务和考察领域的进程是缓步渐进的，因为它不能不凭借国力增强和国运昌盛，更无法不倚仗改革开放和经济腾飞，这逐步积累的成就也是中国和平崛起的绝好例证。

冰穹A的建站和格罗夫山考察，极大地提高了我国在南极考察事务中的国际地位，确立了中国在东南极，特别是冰穹A和格罗夫山地区的领先地位。这意味着，我国在冰穹A和格罗夫山拥有毋庸置疑的科研与权益优先权。

南极是一个充满奥秘的大陆，也是各个国家科学研究的竞技场。一个国家在南极的地位，取决于这个国家对南极科学考察和研究的贡献大小，它也代表着一个国家的综合实力，代表着一个国家参加国际事务的积极态度。除此之外，中国人南极考察，至少还有下列原因：

一、与其他大陆相比，南极具有最多的未知之谜。而未知激发出的好奇心，是科学考察与研究的重要驱动力。南极科考活动极大地激发了中国科学家的科学激情和创造精神。

二、现已探明，南极蕴藏着极为丰富的自然资源，它是全人类的共同财富，将为人类共同享用。

三、由于南极特殊的地理位置，人类在南极的一切活动，都具有极高的关注度。每一个国家的南极科考以及每一项科学发现，都会成为全球关注的焦点。因而，南极科考活动关系到国家形象和民族尊严，对提高中国的国际地位，具有重要意义。

四、南极汇聚了众多科学前沿和人类关注的重大问题。极地科学考察涉及的内容极其广泛，包括地质学、气象学、冰川学、海洋学、生物学、高空大气物理学、地球物理学、环境科学、人体生理医学、陨石学以及天体化学等几个学科，尤其是近年来人类关注的环境变化、气候变暖及人类活动对自然系统的影响等重大命题，在南极具有独特的观测和研究条件，因此南极被称为人类科学圣地，南极科考和人类的命运息息相关。

五、南极科考极大地促进了科学普及，对于提升国民科学素质具有深远的意义，其国民教育价值可与航空航天、绕月登月的重大科学活动相媲美。

六、南极提供了一个人类重新看待自己、理解自己的角度和方式。南极让亲临者重归"创世"状态，对于每一个科考队员都意味着一次灵魂的洗礼。南极归来者的思考方式和世界观的改变，对整个人类是一笔宝贵的精神财富。

2007—2008年的国际极地年活动，得到中国政府的高度重视。中国不仅积极参与其中，还正式成立了IPY中国委员会，并制订了规模巨大的南极普里兹湾—艾默里冰架—冰穹A的综合断面科学考察和研究计划（The Prydz Bay, Amery Ice Shelf and Dome A Observatories, 英文简称 PANDA即熊猫计划），该计划成为IPY核心科学计划之一。IPY中国委员会同时启动"国际极地年中国行动计划"，该计划由PANDA计划、北冰洋考察计划、国际合作计划、公众参与和数据共享计划等组成。中国南极考察的决心和意志可窥一斑。

美国、俄罗斯、日本、法国、意大利和德国先后在南极内陆地区建立了科学考察站，我国是第七个建立内陆考察站的国家。而以昆仑站诞生为标志，意味着中国经过30年的努力，终成正果——当之无愧地进入南极考察领域的"第一方阵"，成为南极科考强国。

而这样的结果，是什么样的人在怎样的情况下完成的？又是什么样的人格、精神、气质、热情推动的？是基于何种目标的选择？

　　为此，我彻夜难眠，奋笔疾书。

自 序

从审美的角度看，科学发现和文学写作之间，存在着很多相似性。它们都以不同的方式，显现自己的结构之美、表述之美、陌生之美、思想之美。在许多科学家看来，审美准则同样是科学的最高准则。西方科学家彭加勒曾在一篇文章中说："科学家之所以研究自然，不是因为这样做很有用。他们研究自然是因为他们从中得到了乐趣，而他们得到乐趣是因为它美。如果自然不美，它就不值得去探求，生命也不值得存在。"在某种意义上，这种对于生命和世界的理解回到了文学目的性的起点上。也就是说，文学与科学都设定了自己的美学准则，它们无论承载怎样的思想，也无论探求怎样的真实或者奇妙的宇宙逻辑，最终要回到审美的层次上。

同时，它们又都在探寻真理和秩序，并从不同的方向，洞察宇宙的深奥用意和造物主对一切事物的秘密安排。从某种意义上说，文学与科学都在用不同的方式追寻真理。爱因斯坦曾经在一篇文章的结尾引用莱辛的格言："追求真理比占有真理更可贵。"

对于人类来说，极地有旷世之美。它茫茫的白雪、蓝冰的反光、斑斓奇幻的极光，在那个孤独的世界悬挂了巨大的幕布来上演一幕幕神奇的戏剧。这出戏剧蕴涵了迄今为止许多重大的生命问题，我们却知之甚少。从人类文明产生以来，极地一直在想象之中如梦似幻。尤其是南极，它最为遥远，以至于在很长一段时间人类只能用想象抵达那个地方。古代人

1

类就试图接近它：古希腊人猜想在广阔的大海南面，必定存在另一块陆地；中国古代的《山海经》中，也记述了一个终年不见天日的幽都，并认为那里存在着拥有翅膀但不会飞翔的食鱼动物，居然与南极企鹅的形象不谋而合。

南极在文学与科学这里更是具有不相上下的"魔力"。

20世纪初，英国的斯科特船长和挪威著名的极地探险家阿蒙森，经历了难以想象的艰苦跋涉，相继到达南极。斯科特到达南极点时看到阿蒙森留下的帐篷和字条，极其懊恼——因为他成了亚军。在返回的途中，因疾病、饥饿、寒冷和疲惫，队友们一个个倒下了，斯科特看着他们的身影消逝于风暴肆虐的茫茫冰原，最后，自己也没有逃脱厄运。他留下了完整的日记和大量资料，还有沿途采集的岩石和化石标本，为后人点燃了深入南极内陆的希望之火。为了纪念这些伟大的探险家，设在南极点的美国科考站被命名为阿蒙森—斯科特站。继哥伦布的地理大发现之后，一个伟大的探险时代转动了门枢。

人类为什么要冒着生命危险来到这里？南极究竟存在着什么令人着迷的东西？如果说，地理大发现缘于黄金的诱惑，那么，南极拥有什么诱惑？探险家们难道仅仅是为了争个先到之名？答案肯定不是那么简单。南极存在着一些更为重要的东西，值得人们付出代价。这一切，也许是来源于人类更为高贵的精神。

南极的冰雪之下和周围的大洋中，蕴藏着巨量的矿产资源和丰富的海洋资源，其贮藏了世界总冰量的90%以及世界总淡水量的72%。它的每一点细微的变化，都将影响到人类，同时，我们的生活方式也影响到南极的变化。通过现代科学考察活动，我们已经逐步认识到，人类与南极，已经形成彼此依赖、彼此影响、唇齿相依的密切关系。

近百年来，科学家们的努力使得南极正在从想象变成现实，从幕后登上了前台。南极所展现的，或许不仅是它自己的秘密，还是我们生存的秘密、人类文明未来的秘密。它每一点细小的变化，都与我们休戚相关。直到人们终于决定用契约的方式缔结《南极条约》，证明了和平利用南极才是处置人类共同财产的唯一道路。

中国参与极地事务较晚。改革开放以来，中国开始以全新的姿态出现在世界舞台上，同时增强了科学研究的国际间合作，一个大国的崛起，必将全方位地展示自己，包括以对全人类负责的精神来参与南极事务。令人振奋的是，中国成功登顶冰穹A并建立昆仑站，具有民族复兴层面上的历史意义和现实意义。数代中国科学家的夙愿，今天得以实现。他们在实现伟大目标过程中表现出忘我奉献、精诚合作、追求卓越的精神品格以及由中华文化传统孕育的强大动力和综合智慧。他们的南极考察实践，已经形成了内涵丰富的"南极精神"，汇入中华文化的宽广河流，成为我们民族振兴、走向未来的珍贵资源。当然，这一切也同样是文学的巨大源头，激发我们的创作灵感，唤醒我们的爱国热情，打开我们的创作视野，并净化我们的灵魂。

古希腊人从他们的哲学出发，猜测出南方那个遥远大陆的存在。中国人则按照自己的想象，描绘了一个终年不见天日的幽都。然而，直到20世纪初，人类才真正踏上了这块缥缈而遥远的亘古荒原。中国人登上南极大陆，则要迟至20世纪80年代。探险、科考等活动也带来了各方利益的冲突，所幸的是，解决争端的方向最终回归和平利用南极。《南极条约》的签订和不断完善，将和平与科学事业永远带给了这片大陆。

从猜测到探险

亘古荒原

南极洲，冰雪覆盖，亘古蛮荒。

这里有着最独特的原始自然景观，有着与生命对立的冷酷的白色基调，冰雪在这里唯我独尊。它们拥有最大的数量和最高的权力。当白昼到来，太阳照耀冰原，反射光冷冰冰地将微不足道的热量无情地抛向天穹。到了午夜时分，太阳仍不肯放弃，在大地的边沿久久徘徊，好像是不愿意输给这一片荒芜的白色。没有什么地方比这里的光明更多，也没有什么地方比这里的温暖更少。

那正是，让阳光凝定在这里的漫长极昼。

另一些日子，这里却变成世界上最长的黑夜，浩瀚的星群在天幕上宛若永明灯，华美的图案来自几百万年、几千万年甚至更古老的岁月。这些永恒的图案意味着什么？它们坚持以这样复杂的符号告诉我们什么？或者说，它们在等待着什么？暗示着什么？或者是一则揭示万物的终极寓言？人们期待着智者的揭示。

即便是那样漫长的黑夜，其实并不呆板。它丰富得很，甚至超过白天，你相信吗？那就是壮美的极光。以黄色、绿色、蓝色或紫色等组成的恢弘光带，从高空中倾泻而下，好像银河之水混合着天上的各种颜色浇灌到这块冰原上。它有时呈带状，有时呈弧状，有时则变幻成射线状或火焰状……它千姿百态，变化莫测。它有时快速跃动，有时又像巨大的软体动物在天空中缓缓蠕动。这是光的独幕剧，光的舞蹈，不断变换形象和步伐，展现出捉摸不定的惊艳之美。它到来之前，总是以更深的寂静作为前奏，借以反衬极光的

冰　山

高贵和华美。在古罗马的神话中，极光被称做极地的神明，它的名字来源于拉丁文，意为"黎明女神"，能够驱散大地上的黑暗，将人类的生活引向黎明。

早在19世纪，一位探险家第一次看到瑰丽的极光，激动极了，他被这绝美的大自然景观彻底征服，在日记中感叹："几乎整夜都是一幅南极光的美妙景象，时而像高耸在头顶的美丽的圆柱……以后又迅速卷成螺旋的条带，时而这条带仿佛就在我们头上，总共不过几码高。当然，这一切都发生在接近地面的大气层里，在我见到的种种景象里，再没有比这更壮丽的了。"

事实上，太阳在100万摄氏度的高温中将自己的能量尽情地抛掷出来，日冕物质挣脱太阳的束缚以超音速向宇宙的各个方向喷射。太阳的内部和表面不断进行着各种化学元素的热核反应，产生无数带电粒子，这些带电粒子流，从外层空间疾驰而来，猛烈撞击地球南北极高空的稀薄大气层，将大气分子激发到高能级，发出耀眼的光亮。于是，极地上空就像宽阔的电影屏幕，开始播放充满激情的彩色图像。极光具有极大的能量，可以达到几千电子伏特。历史记载，1859年，极光产生的感生电流使美国的电报员不使用电

池就可以将电报从波士顿发送到波兰。有时，一次极光的能量就可以超过北美的总发电量。而切换到美学角度来说，极光的出现也给寂寞的古大陆带来了华丽的盛会和无限的欢欣。

猜想南极

远在古希腊时代，人们就开始猜测这个古老大陆的样子。哲学家们认为，人们居住的大地是一个由陆地和包围着它的海洋构成的球体。对称是宇宙创造的基本美学，造物主是按照最美的方式建造我们的世界的。那么，按照这一法则，古希腊人认为，从作为"世界中心"的欧洲大陆一直向南，必定存在着另一个广袤的陆地。公元150年左右，希腊天文学家亚历山大和地理学家布特莱迈奥斯制作的世界地图上，已经标明了世界最南端的未知国。中国古代的人们则对自己的栖居地有着另外的看法。他们从自己的直觉出发，得出天圆地方的结论，认为大地必定有着自己的尽头。究竟大地之外是什么？古代中国的记载语焉不详，《山海经》所述的那个终年不见天日的幽都和不会飞的鸟，算是对极地的一个合理想象吧。

据说，第一次试图接近南极的是波利尼西亚人，在他们拉顿加岛的传说中，大约公元650年左右，一个叫做维特兰吉奥拉的年轻部落长老和他的伙伴，乘着原始的独木舟航海，行进到南太平洋之后顺着暴风雨向南继续漂流，抵达了南极洲的浮冰区。传说的真实性难以得到确认，但是，人类在古代长距离航海的能力却不能低估。今天的新西兰是由白人移民和毛利族组成的，但是，毛利族却并不是这块土地上真正的土著，他们很可能是在公元8世纪到10世纪从波利尼西亚渡海而来的民族。那时，他们并没有先进的航海工具，只是依靠大型皮艇和出色的航海技术就越过了3000公里之遥的大洋，到达现今的栖居地。

15世纪之后，文艺复兴又一次激活了西方人的科学精神，人类的好奇心被重新唤醒。从欧洲这一探险中心出发，杰出的航海家和探险家们从欧洲起航，向一个个掩藏在大海之中的陆地进发。他们的"代表作"是哥伦布对美洲大陆的发现。这意味着以欧洲为中心的地理大发现时代取得了辉煌成就。

这时，布特莱迈奥斯作于1300年前的地理学教程已经被翻译成拉丁语，这些普及的地理学知识激起了许多人的兴趣，使无数试图探知未知国的探险者热血沸腾。之后的几百年间，人们不断地向地图上已经注明的南方国发起了冲击。然而，南方的大洋似乎是不可逾越的，南方的大陆蒙上了更厚的面纱，它的面孔隐藏得很深。人类一次次接近，一次次被恶劣的气候和巨大的冰障阻挡。

第一章　遥远的南极
Remote Antarctic Summit

　　第一次进入南极地区的是英国著名的航海家库克船长。他在第二次环球航行时，曾于1773年至1774年间三次越过南极圈。实际上，他的航船已经深入到南纬71度10分，距离人类2000多年来猜想的南极大陆仅仅差200多公里。然而，南大洋海域的浮冰区，巨大的冰山，低气压区不断生成的强风暴，挡住了库克船长继续南行的步伐。他不得不掉转船头，与南极大陆失之交臂。

　　近半个世纪之后的1820年1月，另一位航海家、英国海军中校爱德华·布兰斯费尔德在南大洋绘制南设得兰群岛一带的海图时，隐约望见了南极半岛。这是人类第一次从远处看到南极大陆，它似乎近在咫尺，又仿佛远在天涯。同年11月，美国海洋捕猎者帕尔默驾驶捕猎船前往南大洋捕猎海豹，确

南极极光

认南极半岛陆地的存在，古希腊地图上的南方国终获证实，一个2000多年前的伟大猜想被一次远洋捕猎活动无意间证明了。

翌年1月，俄国海军中校别林斯高晋率领两艘探险船进入南极圈，在半岛西侧的南极大陆附近发现了两个小岛，他以沙皇的名字将其命名为彼得一世岛和亚历山大一世岛。1840年1月，法国探险家迪蒙·迪威尔从澳大利亚南下，望见了南极大陆的一部分，他用自己妻子的名字命名了这块地方，阿德利地就这样开始标注在人类的地图上。差不多在同一个时间段，美国海军上尉查尔斯·威尔克斯也在海上看到了南极大陆冰雪覆盖的高耸陆岸……渐渐的，南极大陆被人们一点点地发现了，它神秘的面容开始显现。不过，时间要拖延到20世纪初，一艘挪威的捕鲸船才真正抵达南极，南极的冰雪上第一次踏上了人类的脚印，打破了远古的寂静。从此，一场旷日持久的竞争开始了。

探险南极

从20世纪开始，世界上许多探险家雄心勃勃，试图第一个到达南极中心。

1909年4月6日上午10时，美国海军测量队队员、著名探险家皮里成功到达北极。皮里用他的仪器，根据太阳的方位测定了自己所处的纬度，然后将一面美国国旗插在茫茫雪原中。之后，他进行了详细的气象观测和记录，并使用一根长达2752米的测绳对北极点进行了破冰勘测，结果证明北极点不

南极冰山

存在陆地，而是一片被冰雪覆盖的海洋。地球上的海陆分布方式是如此奇特，一边是大片的陆地，对应的地球另一边必定是大片的海洋，也就是说，与北极对应的南极一定是陆地。这样旋转对称的设计，不知是由怎样的力量推动形成的。当皮里精疲力竭地返回自己的船上，第一件事情就是给友人和妻子发电报，告诉他们，自己已经在53岁的时候完成了夙愿，极地将使他名垂青史。此时，同伴为他脱下裹满碎冰片的兔皮袜子时，发现他的脚趾一个个掉落了。

皮里的成功极大地刺激了人们南极探险的热情，整个世界注视着南极。一场极具戏剧性的探险角逐在南极洲的腹地展开了。

英国著名探险家斯科特船长，于1911年1月，在南半球的夏季，抵达南极大陆沿岸的罗斯岛。而另一位挪威著名探险家，曾经发现北磁极的阿蒙森，早一点，在同月3日，选择靠南一点的鲸湾作为抛锚地已经到达。经过整整一个冬天的准备工作，斯科特在11月1日出发了。而阿蒙森又先于他，在10月20日乘狗拉雪橇启程。不同的是，斯科特选择的是西伯利亚的矮种马拉雪橇，他认为这种马具有极大的耐力，并能保持更快的速度。然而，事实证明矮种马并不能成为南极风雪中的英雄，严寒天气使得它们接连死去，斯科特陷入困境。错误是必须付出代价的，他和同伴依靠自己的体力拖着雪橇行进，因为上面仍装载着很多无法舍弃的物资，斯科特的速度完全被拖住了。

竞争对手阿蒙森则聪明地采用了北极犬来拉雪橇，使得极地探险的进程获得了一定的保障。这些在北极生活的动物在南极没有表现出不适应，因为南极冰原和北极冰原相比，并没有明显的气候差异。1911年12月14日，阿蒙森率领的挪威探险队登上南极点。五名队员在南极点升起了挪威国旗，在一片风雪之中搭建了帐篷，他们在帐篷中写下给斯科特的信件，然后在12月17日从容不迫地撤离。

34天之后，已经精疲力竭的斯科特探险队接近了南极点，他们远远望见了极点上空迎风飞扬的挪威国旗以及挪威探险队员架设的帐篷，斯科特的精神几乎崩溃了，他一下子瘫倒在雪地上。悲剧在接下来的日子里不断发生，饥饿、疲惫、疾病和南极的暴风雪，同时袭击着他们，斯科特的伙伴们一个接一个在风雪之中消逝，永远留在了被冰雪覆盖的南极。3月29日，斯科特和仅剩的两个伙伴也在饥寒交迫中倒下，生命的热能散尽，一切变得冰冷。此时，距离下一个食物补给点仅仅20公里。后来，人们在他们死去的帐篷里，发现了船长写下的完整日记，以及他们一路采集的16公斤矿物标本。

10

第一章　遥远的南极
Remote Antarctic Summit

　　科学探险的道路注定是惊心动魄的，没有危险也就失去了魅力。历史上，前赴后继的探险者，从未因前人的失败而放弃自己的努力。阿蒙森经历了1911年的幸运，之后17年一直致力于对南北极等未知领域的进一步探索，直到1928年6月18日于前往北极途中，因飞机失事不幸身亡。这些西方人以不可阻挡的勇气开辟着通往南极的探险之路，并不断激发出后人的热情，这其中当然也包括了迟到的中国人。

阿蒙森乘北极犬拉的雪橇去南极

中国人在南极上的足迹

为什么去南极

南极对人们的吸引力逐渐从未知走向明了,其中不可回避的一个原因就是资源。南极蕴藏着丰富的资源,然而,它不属于探索者个人或某个国家,它是全人类共同的财富。尽管每一个参与南极考察的国家,都暗怀着分享的要求。

由于南极所处的特殊地理位置和无污染的环境,它被科学家们誉为科学实验的圣地。科学家可在南极开展一些需要特殊实验条件的研究工作。比如,全球大气交换、冈瓦纳古大陆演化、低温生物学、宇宙射线、电离层和激光科学等,这对于基础科学研究、应用技术的发展以及经济建设都具有极其重要的意义,这一点是大家共同认可的。

第一章　遥远的南极
Remote Antarctic Summit

　　南极大陆拥有24000公里的海岸线,南大洋是连接各大洲的海上通道,在战略上具有特殊价值。虽然《南极条约》规定南极为非军事区,任何国家不准在南极进行军事活动和核武器试验,但是许多国家对南极领土和资源争夺的欲望一直存在,并隐含于一系列的实际行动中。一些国家的南极活动是直接由军队负责和参与的,一些研究学科本身就是直接或间接地为军事服务的。美国、日本等国都曾经以专项投资对南极的油气资源进行了调查和钻探,俄罗斯、德国、英国等西方国家,也在多方面做了相应的工作,他们对调查结果和研究资料保持缄默,秘而不宣。

人类的足迹

20世纪60年代，南极地质学已经取得一定进展，科学家对南极大陆的地质年龄和冈瓦纳古大陆的学说取得相对一致的看法。有些地质学家根据冈瓦纳大陆的结构和某些地质迹象，进行类比分析，得出南极大陆富藏矿产资源的推测：东南极作为冈瓦纳古大陆的组成部分，类同于澳大利亚、非洲、巴西和印度，富含钻石、黄金、云母等矿藏，并拥有丰富的煤炭资源，西南极则类同于南美洲的安第斯山脉，可能拥有铅、锡、铜及金矿。

南极大陆是一个孤立的大陆。从南美洲南端的火地岛到南极半岛尾部的德雷克海峡，大约宽1000公里，南极距离澳大利亚大陆大约3500公里，距离非洲大陆更远，大约4000公里。遥远的距离将它与喧嚣的世界隔开，亘古以来一直长久地处于人类的视线之外。这块大陆，95%以上的面积被冰雪覆盖，平均海拔2300米，分布着平地、湖泊以及巨大的山脉，而这一切均隐没于冰雪之下。

人类对南极的早期发现和探险活动，始于18世纪70年代。其后，来自英国、俄国、挪威、法国、澳大利亚和新西兰等国的探险家们把各自的国旗插在南极土地上的行动，已经带有很强的主权意味。

英国最先在1908年提出领土要求，后委托附属国澳大利亚、新西兰于1923年和1933年提出领土要求，挪威于1938年也提出了领土要求，继之，法国、阿根廷、智利等纷纷登上南极纷争的舞台。在20世纪四五十年代，围绕南极领土主权问题的冲突不断发生，英国与阿根廷发生过海上武装冲突，双方的南极考察站曾被对方搜查和焚毁。

岛峰群

　　1957—1958年，科学界发起国际地理年活动，大规模的科学考察和国际合作体现出人类和平利用南极的渴望。南极的形势由此发生转机。为了推动南极科考，国际科联在1957年成立了南极研究特别委员会，它对南极科考发挥了重要作用。通过合作，将涉及南极的国家联系在一起，这使政治家和外交家们搁置争端，寻求合作与和平利用南极的共识逐步形成。经过一系列协商和会议准备，美国于1959年10月至12月，召集12个原始缔约国通过了《南极条约》，并于1961年6月23日生效。这是一个人类解决国际争端的创举：条约承认南极永远专用于和平目的，不应成为国际纷争的场所和对象；认识到南极科学考察中只有国际合作才能为科学研究作出重大贡献，因此，应该按照国际地球物理年期间的实践，在南极科学调查自由的基础上继续和发展这种国际合作，这是符合科学和全人类进步的利益的。条约的最重要的成

15

果是冻结了各国关涉南极的一切领土要求。

《南极条约》原始缔约国最初商定条约有效期为30年，在行将到期的1991年第16届协商会上，包括中国在内的缔约国发表联合声明，充分肯定条约在南极事务中的积极作用，认为持续和平利用南极符合全人类的利益，一致赞同条约有效期延长10年。1999年，缔约国在第23届协商会议上再次声明，南极应永久贡献于和平和科学事业。

以《南极条约》为框架的国际共管体制，近半个世纪以来有效运行，已经逐渐为国际社会认可。业已建立的南极国际秩序，同样符合中国的长期发展利益，有利于我们按照秩序规则参与国际竞争，并在竞争中寻求广泛合作，积蓄和平利用南极的能量，提升竞争能力并确立大国地位。在这样的条件下，中国南极科考在20世纪80年代初开始启动，在1985年10月由《南极条约》缔约国成为《南极条约》协商国，并相继在南极建立了长城站和中山站。中国作为南极科考大国的地位逐步奠定。

初识南极

1979年的一个早晨，国家海洋局第二海洋研究所物理海洋学家董兆乾正在楼道里做饭，一位领导找到他说："你去南极吧！"他呆住了，过了一会儿才如梦方醒，一个遥不可及的地方，一个白雪皑皑、万古荒凉，曾经在梦中出现的地方，现在，将在现实生活中被自己触摸到。后来他得知，当时澳大

16

第一章　遥远的南极
Remote Antarctic Summit

利亚政府邀请中国派遣两名科学家参加澳方南极科学考察，中国国家海洋局获得了一个名额，董兆乾幸运入选。于是，他与中国科学院地理研究所科学家张青松组成了二人考察组前往南极，董兆乾任组长。

张青松同样是突然接到赴南极科考任务的。1979年12月19日，正在青藏高原进行科学考察的张青松，收到地理所的加急电报："火速归京，有出国任务。"他刚刚离开北京十天——究竟要去什么地方呢？回到北京后业务处处长告诉他："应澳大利亚邀请，中国政府决定派你和海洋局的一位同志去南极凯西站访问考察，1月6日出发，时间约两个月。"

紧张的准备工作开始了。他们对南极了解很少，在很短的时间里，必须尽可能地搜集有关南极的资料，《地理知识》编辑部的同志提供了一系列他们收集出版的南极资料，国家体委和地理所、动物所、植物所的同志给他们准备了高山野外装备和科考工具，人民画报社的摄影师教张青松如何拍好照片。国家还专为董兆乾赴南极考察购买了一架摄像机，在出发前特意安排中央新闻电影纪录制片厂的一位摄像师，对董兆乾进行了短暂的培训，他们到长安街上练习了半小时，熟悉了简单的摄影技巧。

在搜集资料过程中，张青松获悉：1979年11月28日，新西兰飞往南极的一架DC—10客机在罗斯岛上空坠毁，机上200多名乘客和机组人员无一生还。由此深切地证明了南极大陆风大，气候恶劣，飞机失事率高。张青松没有把这些信息告诉妻子和家人，只是在给党支部的信里写下了这样一段话：

"此次南极之行，我一定努力争取最好的结果，顺利归来。万一我回不来，请不要把我的遗体运回，就让我永远留在那里，作为我国科学工作者第一次考察南极的标记。"

这是有史以来中国人第一次去南极考察。中国对南极科考的历史翻开了第一页。

1980年1月12日，董兆乾、张青松乘坐"大力神"运输机飞向南极。驾驶员深知中国人第一次到南极的心情，邀请他们两个人进入驾驶舱，飞机驾驶员说："你们到这里先感受一下南极吧。"无边无际的冰雪让他们震撼，董兆乾拿起摄影机开始拍摄，他尽可能地将眼中的南极全部纳入镜头，为中国科学家留下第一手宝贵资料。一望无际的冰原、遮天蔽日的鸟群、海岸裸露的礁石、海上漂浮的巨大冰山，这些镜头后来成为我国第一部南极纪录片《初探南极》的主要素材。

在澳大利亚凯西站，他们开始了紧张的工作。凯西站位于南极威尔克斯地东岸，站区坐落在一个半岛和若干小岛组成的低洼处。它的主要建筑物高出地面3米，房屋呈空气动力学形态，以防止被大雪掩埋。这里的盛夏气温一般在0摄氏度以上，然而从4月到10月，温度会下降到零下30摄氏度左右。虽然他们来到这里正值夏季，但暴风雪来临，气温仍然会骤降到0摄氏度以下。此时，太阳几乎一直徘徊于地平线上，白天和夜晚失去了界限。他们对南极进行了综合考察，采集了南极样品，拍摄了大量照片。

第一章　遥远的南极
Remote Antarctic Summit

　　归途中遭遇南大洋西风带的强风暴。他们乘坐澳方"塔拉顿"号运输船离开法国站不久，就遇到了低气压强气旋。每秒40多米的狂风，掀起了20多米高的巨浪，空气被风浪主宰，"塔拉顿"号运输船差不多像一片树叶。张青松起不了床，挣扎着，两手紧紧抓住扶手，尽量将身体贴在床上，背部的皮肉都被磨烂了。他不断呕吐，几乎将肠胃都要吐出来了。董兆乾每餐都给张青松带一些苹果充饥，但他很快就将吃到肚子里的东西吐了出来。当时他的念头是，以后再也不来南极了。然而，风平浪静之后，南极大陆神奇和独特的魅力，又迅速唤起了他再到南极的渴望。事实上，他回到中国没多久，就又一次

冰　展

踏上了赴南极的漫漫长途。1980—1981年，张青松再赴南极大陆，前往澳大利亚的戴维斯站越冬考察，成为中国第一位在南极越冬的科学家。同时董兆乾也再次受政府派遣，参加了国际南大洋BIOMASS计划的澳大利亚考察队，担任物理海洋学组副组长，乘"塔拉顿"号南极考察船进行了南大洋的南印度洋扇区的海洋水文学考察。

他们在这次南极考察过程中，还访问了澳大利亚和新西兰的南极局，参观了两国的南极博物馆，收集了有关南极考察政府管理体制、组织领导机构、考察队的组织、经费渠道、南极后勤保障和科学考察计划的制订等方面的大量材料。除了主要考察澳大利亚的凯西站以外，他们还顺路考察了美国的麦克默多站、新西兰的斯科特站和法国的迪·迪尔维尔站，对南极建筑物、考察队的现场运行，考察队员的衣食住行、安全保障，冰雪世界的交通运输、通信联络和站规等，进行了认真、详细的了解。回国后，向国家海洋局提交了5万多字的综合考察报告，为我国组织南极科考、首次派出南极考察队和建立南极考察站打下了基础。接着，国家海洋局第二海洋研究所和中国科学院地理所分别组织由董兆乾和张青松主持的研究组，对他们采集的南极样品和取得的数据进行了分析研究，各自主编出版了《南极科学考察论文集》。这是我国科学家首次对南极进行科学著述。

国务院在1984年6月25日批准了国家海洋局、国家南极委、国家科委、外交部和海军联合提交的《关于中国在南极洲建站和进行南大洋、南极洲科学考察的报告》，南极考察作为一项历史使命列入了国家的议事日程。为了适应极区航行的需要，选定国家海洋局"向阳红10"号科学考察船和海军"J 121"号打捞救生船进行检修和改造。上海造船厂抽调精兵强将，在较短时间内完成了200多个项目的施工任务。海军直升机机组人员进行了上百次模拟南极飞行训练，以便完成冰情侦察、导航、调运建站物资、运送人员的特殊任务。全国各有关工厂、企业、科研单位密切配合，展开广泛协作，高效优质地完成了一系列南极所需物资的研制工作。中国新型建筑材料公司完成了中国第一个南极科考站——长城站的站房设计、生产和装配任务，并根据南极自然环境特点选用新型建筑材料；上海纺织科学院参照国外南极羽绒服，研制出御寒、防风、防雨雪的轻便、结实耐磨的羽绒服面料；天津运动鞋厂、长征鞋厂、大中华橡胶厂研制出适合南极野外作业的防寒防水靴；北京汽车制造厂为考察队设计制造出两台特种车辆……

长城站

两船从上海港启程，驶入浩瀚的大海。不久，就遇到19号台风，两船只好改变航线。原计划从琉球群岛宫古水道进入太平洋，现改为从关岛西部进入，避开了台风袭击。然后经由北半球穿越暴风多发带，越过赤道无风区，闯过以狂风巨浪著称的西风带，经美洲大陆最南端的合恩角进入大西洋。最后在阿根廷乌斯怀亚港补给、休整之后，渡过德雷克海峡，于12月26日进入乔治王岛麦克斯威尔湾。历时37天，航程11171海里。1985年2月2日，中国第一个南极科考站——长城站如期建成，第一次完成了真正的南极登陆壮举。

升起国旗

1989年6月27日，中国科学院兰州冰川冻土研究所副研究员、冰川学家秦大河，告别了80岁高龄的双亲、因车祸受伤住院的妻子和还在中学读书的儿子。一个多月前，他获悉正在物色去南极的人选之后，主动要求参加1989年8月15日起由美国、法国、苏联、日本、联邦德国和中国六个国家组成的联合考察队。这次考察从南极半岛穿越极点的阿蒙森—斯科特站、苏联东方站以及美国麦克默多站，横穿南极大陆。他知道最近南极的乔治王岛上连降大雨，厚厚的积雪已经被冲刷干净，这是南极考察的难得机会。他立即给极地办发去电报，提交横穿南极活动的申请——申请通过了。

海豹岩是南极拉森冰架最北端的一群冰原岛山的总称，位置大约为南纬65度05分，西经59度35分。这里也是这次横穿南极的出发点。海豹岩西边

第一章　遥远的南极
Remote Antarctic Summit

是长长的南极半岛，从这里向半岛望去，好像在宽阔的平原上平视山脉一样，半岛在苍茫的天空下，闪着蓝幽幽的微光，白色的冰架将远处的景物高高地托起。秦大河在自己的日记中记录了他们出发前由六个国家的六名队员以及一些新闻记者举行的庆贺晚会，维尔·斯蒂格端起酒杯说道："大家为新的长征，为我能够加入这一国际队伍，干杯……"一场举世瞩目的人类南极行动拉开了简单的序幕。

一切都是原始的，看不出任何现代人的痕迹：雪橇、能够吃苦耐劳的北极犬——他们仿佛重复着18世纪的探险生涯。由六名队员和四名记者组成的十人考察队，第一周平均每天行进11英里，以后逐步加速，以便让队员和拉雪橇的狗适应南极的各种条件。

12月12日，到达极点站。考察队员们的脸上布满了冻伤和强烈紫外线造成的灼伤，长途跋涉，疲惫不堪。秦大河是第一个徒步到达南极点的中国人，他在南极点升起了五星红旗。在这里，考察队收到了中国政府总理李鹏的贺电：

> 欣闻你们以英勇顽强和大无畏的献身精神，战胜困难，徒步横穿南极大陆，终于到达了南极点。我谨代表中国政府向你们表示热烈的祝贺和衷心的问候！你们的活动堪称南极考察史上的一大壮举，预祝你们团结合作，努力拼搏，胜利到达最终目的地，为人类认识南极、保护南极环境不被污染和和平利用南极作出贡献。

冰架前锋

翌年3月3日，历时220天，徒步行进6000公里，考察队终于到达终点——苏联和平站，创造了按最长路径横穿南极大陆的考察奇迹。这一天，阴云密布，迷雾重重，能见度仅仅1米左右。上午10时左右，天气转好，在14公里处远远看到了苏联和平站，以及对面的小岛和一座座漂浮在大海上的冰山。和平站的站房在白雪之中显得发黑，好像一些规则的岩石。北京时间下午8时许，他们先看到用英文写着"前方100米为终点"的木牌，接着看见了写有"终点"单词的横幅，最后映入眼帘的是并排排列在风中飘动着的六国国旗。和平站的站长和队员们，以及各国记者一字排开，迎接他们的到来。这次穿越是继斯科特和阿蒙森到达南极极点以来，人类又一次徒步到达地球最南端。

秦大河是此次横穿南极大陆十人中唯一的中国科学家，他依据一路采集的800多瓶雪样，回国后出版了《1990年国际横穿南极考察队冰川学考察报告》和《南极冰盖表层雪内的物理过程和现代气候及环境记录》两部专著，在这一研究领域堪称最杰出的工作者之一。而那些雪样也使他成为当时国际上拥有最丰富南极雪样的科学家。

1990年6月5日，国家南极科学考察委员会和国家海洋局联合作出1990年至1992年为"南极环境年"的决定，表明了出中国对南极研究与日俱增的重视态度。其后，作为《南极条约》协商国不断参加国际会议，中国在南极事务中的地位不断提升。随着这些外围条件的提升，中国南极科考队对自身的要求也在刷新高度。但是，一个显见的障碍就是我们的船不行了——最早用过的两条船，"向阳红10"号、海军"J121"号不具备破冰能力；1986—1995年间使用的"极地"号，只有80厘米以下的初步破冰能力。这样的设备无法跟考察工作不断提高的探索要求相匹配。因此，1992年7月31日，国家南极科学考察委员会和国家海洋局联合报请国务院购买乌克兰赫尔松船厂已设计建造的8艘北极破冰运输船之一的"朱维特"号（Juvent），用来替代已停止南极洲冰区航行的"极地"号，报告很快得到批准。1993年3月"朱维特"号完工，造价1750万美元。经过上海沪东造船厂改造，增加了直升机机库和起降坪、吊装和绞车设备、科学实验室及人员休息室等，1994年交付使用，更名"雪龙"号。乘上"雪龙"，再也没有什么能够阻挡中国人向南极进发的脚步了。

从对格罗夫山区、冰穹A两条主线的探索，直到昆仑站的建成，其间充满了无数的艰难、困苦与危险。而这个过程也恰好伴随着中国的发展与崛起，体现出中国政府积极参与南极科考的务实态度，也充分表现出中国人为国争光、艰苦奋斗、团结拼搏的精神与品格。这种由中国科考队创造的"南极精神"，将成为中国科学事业的伟大精神资源。

C第二章
hapter

格 罗 夫

● 两条科考主线
● 第22次科考
● 驶向格罗夫
● 蛮荒格罗夫
● "南极精神"

两条科考主线

一条线是格罗夫山区。格罗夫山区是南极内陆唯一的岩石外露区,还是一个陨石富集区。陨石和宇宙尘是来自地球之外物质的天然样品,保存了从太阳星云起源到包括地球在内各种行星形成和早期演化的信息。一些最原始的球粒陨石中还含有来自超新星、红巨星等太阳系以外的恒星物质。它的采集,对于研究天体演化、太阳系形成以及宇宙起源等重大科学命题,具有重要价值;对于我国深空探测工程的实施和科学目标的实现,具有重大意义。格罗夫山区距离中国南极中山站460公里,面积约3200平方公里。这里覆盖着大面积的蓝冰,一座座岛峰从冰面上突起,是南极为数不多的极具研究价值的区域之一。

另一条线是冰穹A。冰穹A是南极内陆冰盖海拔最高的地方,距离中山直线距离1228公里,更是人类从未涉足的险境,它也是我国第三次建站的目标区域,是另一条科考线索。从历史上看,我们对冰穹A探索的次数比格罗夫略多，时间跨度略长，但两条线索齐头并进，有时在一次科考中同时安排两方面的现场观测任务，有时轮换到下一次科考中。比如，第13次科考内陆队首次以冰穹A为现场目标，第15次同时安排了冰穹A和格罗夫两个分队。最终，继第21次科考队成功登上冰穹A之后，第22次科考队圆满完成了格罗夫的预定考察任务。

第22次科考

"雪龙"号

从对格罗夫山区、冰穹A两条主线的探索，直到昆仑站的建成，这其间充满了无数的艰难、困苦与危险。而这个过程也恰好伴随着中国的发展与崛起，体现出中国政府积极参与南极科考的务实态度，也充分表现出中国人勇于探索、不畏艰险、敢于冒险的精神与品格。挺进格罗夫、登顶冰穹A、建立昆仑站，这其间有许许多多的故事，感人至深，引人深思……

熙熙攘攘的黄浦江上，汽笛声此起彼伏，大大小小的船只忙忙碌碌。近一个世纪以来最繁忙的大都市——上海，一个伟大的行动将从这里起航。

2005年11月18日上午10时，民生港里不同寻常的客人——"雪龙"号破冰船的主机开始运转，平静的江水被应声劈开。中国第22次南极科学考察队队员们集中在甲板上，向岸上的人们挥手告别。年轻的船长沈权在宽阔的驾驶室里目光沉稳平视远方，巨龙在他的执掌下，显得那么温顺、忠诚。但这毕竟是他担任船长以来的第一次南极之旅，压力给了他负重和紧张，也给了他兴奋和激情。沈权1967年出生，刚过37周岁，已经是一个不折不扣的"老航海"了。1986年毕业于宁波海校航海驾驶专业之后，他就被分配到国家海洋局东海分局工作。他在1994年登上"雪龙"号的时候，已经具有8年的航海经验，那时的职务是三副。

此时的"雪龙"号作为我国执行南极考察和运输任务的第三代两用船，让大家颇引以为荣。"雪龙"号船体长167米，宽22.6米，型深13.5米。从主甲

第22次南极科考路线图

板算起，驾驶室在7层楼上。满载吃水9.0米，满载排水量21025吨，主机功率13200千瓦，副机800千瓦（3台），最大航速17.9节，经济航速15.5节，续航力12000海里。载重量10225吨，载燃油3000吨，淡水3000吨。曾在每秒55米（12级风的速度是每秒32.6米）的风速下稳定航行，可抵抗单舷摇摆最大幅度50度。该船具有先进的导航、定位和自动驾驶系统，拥有容纳两架大型直升机的平台、机库及配套系统。船上设有海洋物理以及海洋化学、生物、气象的洁净实验室及数据处理中心。

沈权还记得他第一次前往南极的心情。他是那么向往南极，但又感到忐忑不安。历经重重艰难到达南极之后，马上被那里的新奇吸引，茫茫冰雪中，世界变得辽阔、壮观。

然而，任何事情重复得多了也会变味。一次次赴南极执行任务，要在大海和南极待上漫长的五个月时间，还要搭上一次次春节：不能和家人团聚，甚至有时回国了也必须在船上值班不能离开。

何况，南极地区的风险更是无处不在。"雪龙"号每一次出航，都会遇到种种不可预测的危险。沈权不会忘记，第21次科考队奔赴南极时，在长城站附近的长城湾遇到了风暴，一般在8级左右风暴时使用一个锚就可以保证船的停泊，而那次风暴是12级，"雪龙"号下了两个锚还不行，必须启动主机抗风，相当于用70%的马力迎风前进，才能使船停在原地。那一次，为了防止停在站上的直升机被风吹坏，他们不得不冒着狂风暴雪将飞机的螺旋桨翼拆除。

34

　　另一次,恰逢除夕夜,遥远的祖国已经是万家灯火、鞭炮齐鸣,"雪龙"号为了避风,停泊在陆原冰区,将船头停在冰隙之间,以便固定位置抵抗风暴。十几个小时之后,风暴过去了,一座六七十米高的大冰山却挡住了"雪龙"号的退路。船员们整整花了七个小时破冰,才使"雪龙"号有了一点儿回旋的余地,但仍难以摆脱冰区和冰山的合围。三天之后,正当他们感到绝望的时候,大潮汛来了,一夜之间,整个陆原冰区破碎了,四面八方的航行通道

改造前的"雪龙"号

改造后的"雪龙"号

冰封"雪龙"号

KUNLUN STATION IN ANTARCTICA

自动打开,他们这才摆脱了困境。

这一次航行还会遇到什么? 谁也说不准。在岸上的欢呼声和告别声中,"雪龙"号开始驶离港口,那一声长长的汽笛声却使沈权的心头感到沉甸甸的。他深知,"雪龙"号能否安全抵达南极并返回祖国,关系着第22次南极科学考察能否成功。"雪龙"号担负着运送科考队员的艰巨任务,同时,还要将各种科学考察仪器、物资、油料等运送到指定地点,以保证科考站的正常运转。有时,还要配合科考队进行大洋调查以及作为普里兹湾一带的科考平台,配合科学家进行高空物理、大气物理等多种学科的观测和考察。如此艰巨的任务,能够顺利完成吗? 责任重大。沈权在出航前做了最细心的准备工作,检查了"雪龙"号的每一个细节,并从组织上作了详细安排。实际上,就像一场戏剧的登场,之前一次次的彩排,都是为那短暂的表演,必须先尽人事然后才能听天命。他深知,这样的远航中,哪怕一个小小的疏忽都可能导致全局的失败。

轮机长

轮机长赵勇也感到不轻松。他与船长沈权是宁波海校的同学,没想到又成了最好的搭档。他对"雪龙"号充满感情。至今,他还经常回想起把"雪龙"号从乌克兰接回祖国的漫长而曲折的过程。他毕业后先是来到海洋局东海分局"向阳红10"号船上,参加了1984年的南极首航。经受了大风大浪之后，他深感中国南极科考事业的发展，必须解决破冰船的问题，没有破冰船的海上支持，南极科考事业就很难持续推进。20世纪90年代初期，苏联解体后，乌克兰黑尔松造船厂为前苏联承造的一艘北极补给船待售。中国国家海洋局得悉这一消息，以极其便宜的价格将这艘破冰船购买下来。可是，要将这艘船接回中国，却并非易事。1993年，赵勇等24人先乘飞机到达莫斯科，后又转乘火车经过20多个小时的旅程到达乌克兰。在乌克兰的几个月中，他们每天都需要熟悉设备，工作非常紧张。为了节约费用、不跑空船，他们等到一个机会，到乌克兰的另一个港口装载了满满一船钢材，并雇用了一个船长。从黑海到地中海，越过苏伊士运河，一切都很顺利。但当他们行进到红海口的时候，"雪龙"号却出现机械故障。直到一个月后，才等到配件运达……本来40多天的航程，他们整整走了两个月零十二天！

　　1994年第一次启用"雪龙"号破冰船前往南极执行科考任务的时候，赵勇已经非常熟悉这艘科考船了。但是，南极变化莫测的气候条件依然给破冰船带来困难。"雪龙"号在南极中山站所在地普里兹湾一带被厚厚的冰层挡住了。当时正值11月，冰层很厚，而破冰船的破冰厚度大约在一米左右，对超过厚度的冰层就无可奈何了。"雪龙"号被迫停下，等待着冰雪融化。一个星期后，冰雪开始消融，"雪龙"号开始缓慢地破冰航行，推进到距离中山站七八海里的时候，再也难以前进了。科考队员们只有使用直升机将大量的物资、设备运抵中山站。

　　1995年回到上海之后，赵勇觉得这样艰苦的工作付出太多，而他的月工资仅仅600余元，感到自己的工资水平太低了，于是就辞去了"雪龙"号上的工作，先后到希腊、新加坡、香港等船舶公司工作。他的工作很出色，几年间就由大管轮升为轮机长，月工资也已达到3000多元美金。尽管如此，他总是隐隐约约地觉得失去了什么。毕竟他对"雪龙"号以及从前的战友们有着刻骨铭心的深情，每次从海外回来，他的第一件事情，就是暗中探访停泊在黄浦江边的"雪龙"号。

"雪龙"号上的一切是如此的熟悉，每一个舷窗，每一个角落，每一台机器，甚至每一个螺栓……都和他有着密切的联系，它曾经伴随过自己最美好的青春年华，它的机舱里、甲板上，很多地方，都有着自己的汗水。他要在这艘度过最难忘的时刻的船上，和以前的朋友们聊天，他愿意在"雪龙"号上从一个地方走到另一个地方，就是不愿意离开。离得越远，才越感到曾经的人和事的亲近，才越能掂量出失去的东西的分量。而且，长期的国外打工生活，尽管享受着较为优厚的待遇，却从时空距离中更激发出他的思乡之情，使他总想着有朝一日，能够用自己在外国船舶公司学到的先进技术和管理方法，为日益繁荣发展的祖国服务。1995年，这一机会来了。"雪龙"号正好缺少一个业务精熟的优秀轮机长，当时的船长袁绍宏在一次聊天时动员他回归"雪龙"号，朋友们也劝他回来，这与他的想法不谋而合。他决定辞去国外船舶公司的工作，回到"雪龙"号上。

第21次赴南极科考之前，赵勇69岁的母亲在一次体检时，胃部发现了癌，母亲生怕影响赵勇的工作，一直不让家人告诉他。当他从南极归来，船行至中国海域时，他急忙给母亲打电话报平安，因为每一次出海，母亲都会一直牵挂。结果，电话里传来了嫂子的声音，告诉他母亲得了胃癌，正在进行术后化疗。赵勇清楚地记得，那一天是2005年3月20日，船上的朋友们在会餐、彼此祝贺，一片热烈的气氛庆祝南极考察胜利归来，赵勇却一个人躲到一个角落，黯然神伤。按照计划，"雪龙"号将在吴淞口停留一两天，赵勇提出提前下船。领导告诉他船靠岸后许多上级领导要接见科考队员，为了保证最后时刻不发生任何机械故障，请求他还是等到船靠岸之后再离开。他答应了。

"雪龙"号停靠在黄浦江岸边，已经凌晨3点钟。船长袁绍宏什么都没说，立即陪同他前往医院看望病重的母亲。来到医院已经是凌晨4点多了，他看着母亲苍白的面容，想到自己的南极之行一走就是五个多月，感到自己欠母亲实在太多了。他一下扑在母亲的病床前，泪流满面，说："我再也不跑南极了，以后我就陪着你，哪儿也不去了！"此后的一段时间，赵勇开始四处奔走，访医问药，为了给母亲治好病，他买最好的药，只求母亲的病情能够好转。

可是，仅仅过了两个多月，中国极地研究中心又安排他赴南极执行第22次科考任务。此时，母亲的病情仍未脱离危险，多么需要他待在身边！他已经答应过母亲，再也不去南极了，再也不让生命垂危的母亲为他牵肠挂肚了，再也不离开病重的亲娘了！他要留下来照顾母亲，补偿多年来漂泊对母亲的歉疚。

他给领导写了信，谈了自己的真实想法，表示无法接受此次任务。但是组织上实际根本无法放弃他。理由非常简单，就是"雪龙"号需要他，一个轮机长的责任太大了，他担负着保证航船全部机械设备安全运转的重担，一个优秀的轮机长，必须经过长期的培养，必须具有丰富的经验，掌握先进的技术。"雪龙"号新船长刚刚上任，不能再换轮机长了，此次赴南极科考的安全系于赵勇身上。

赵勇一直不敢将自己的决定告诉母亲，直到临行前才对母亲说，他又要去南极了。他询问了母亲的病况，医生告诉他，最多只能支撑两个月。这是一架无法平衡的天平，怎么办？他抹着眼泪，沉甸甸地迈开登上"雪龙"号的脚步。也许母亲与国家的荣誉真的是本位一体，也许征服南极的使命镕铸的"大爱"将化解千愁万绪……

科考队员们

"雪龙"号缓缓离开港口，它带着祖国和人民的重托与祝愿，向遥远的南极出发。106名科考队员涌向甲板，向岸上欢送的人群挥手致意。这是中国科学家第22次赴南极科考，中国极地科考事业正在一步步向前推进。此次赴南极格罗夫山区考察的科考队尤其引人注目。他们刚刚在欢送仪式上接受了孩子们的献花，每个人脸上的表情显得庄严、凝重。鲜花还在他们怀中，掌声已经渐渐远去，遥远的冰雪苍茫中的南极格罗夫山在呼唤，一场严峻的考验即将来临。

一共11名队员：队长，琚宜太，博士，生于1971年，虽然年龄不大，但他已经是第三次赴南极科考了，有着丰富的野外工作经验；副队长，徐霞兴，中国极地研究中心机械师，1950年出生，是队员中年龄最大的一位，曾经在北大荒插队，多次赴南极工作，具有丰富的野外工作经验，在机械维修方面技术高超；李金雁，中国科学院地质与地球物理研究所研究员，博士，已经几次登临格罗夫，积累了丰富的野外工作经验；林扬挺，出生于1960年，中国科学院地质与地球物理研究所研究员，博士，著名天体化学家，第一次赴南极考察；胡健民，中国地质科学院地质力学研究所研究员，博士，构造地质学家，第一次赴南极考察；方爱民，中国科学院地质与地球物理研究所研究员，博士，出生于1968年，沉积学家，第一次前往南极考察；黄费新，中国科学院青藏高原研究所研究员，博士，从事宇宙核素和冰盖进退方向的研究；彭文钧，武汉大学测绘学院教师，硕士，从事测绘学方面的教学和研究工作，几

琚宜太

次赴格罗夫山考察，对格罗夫地区的地形地貌非常熟悉；程晓，中国科学院遥感所研究员，博士，测绘学家，性格豪爽，从事冰流方面的研究；还有两位中央电视台的记者潘明荣和刘晓波。

　　琚宜太作为队长，责任重大，承受着巨大压力，从一开船就少言寡语、严肃持重。这次科考组队时，极地办公室需要找到一位具有科学背景、同时具有丰富野外工作经验的队长，经过多方考察，最后选中了琚宜太。他是中国对南极格罗夫山科学考察的开创者刘小汉教授的得意门生，刘小汉教授一直对他寄予厚望。早在他追随刘小汉教授攻读博士学位时，就开始了南极科考的旅程。那时，格罗夫山科考计划刚刚启动，琚宜太刚刚28岁，意气风发，对南极的一切充满好奇，根本没在乎什么叫危险，即使面对被称为地狱之门的纵横交错、深达几百米甚至上千米的冰缝。对于他的胆量和勇气，刘小汉教授曾进行过暗中考验。一次，在南极内陆冰原的冰缝发育区，面对一条宽度两米多的大冰缝，刘小汉将雪地车的驾驶位置让给了他，他毫不犹豫一次开了过去。事后，刘小汉才和他说起，如果他退却了，他就会让琚宜太永远退出南极科考的行列。

　　刘小汉已经六次挺进南极，对格罗夫山有着超乎寻常的感情。他曾在日记里写道："两百多年来，我们的民族历尽屈辱，我们的疆土逐渐萎缩，到1949年，中华民族才算挺起了胸膛。但直到20世纪80年代改革开放，我们才抬起目光，开始关注外面的世界和我们赖以生存的小小行星——地球。"1998年，刘小汉经历了艰难抉择，毅然单车奔赴格罗夫山，开辟了"格罗夫山王朝"。为了第三次格罗夫山考察，刘小汉曾将琚宜太的博士毕业时间推迟了两年。他认为，琚宜太作为中国冶金地质工程勘查总局二局的副总工程师，毕业之后肯定无暇顾及南极事业。而格罗夫山考察需要一名经验丰富的老队员带队。这样，琚宜太才能继续从事自己热爱的南极科考事业。

　　此次南极科考，组织上将这样的重担给了琚宜太，是对他极大的信任。能否征服格罗夫，首先是能否驾轻就熟、游刃有余地对付南极的恶劣环境、恶劣气候。冰原的地貌、冰缝的发育，都在不断的变化之中，由于雪橇和雪地车之间是软连接，车头和雪橇在冰坡行进时速度不同，很容易发生翻倾事故。经验并不完全可靠，甚至全靠经验可能向厄运投怀送抱。稍有闪失，就可能出现难以想象的严重后果，格罗夫山科考计划就可能被迫中断，南极科考可能遭受重大挫折，这就是南极事业的风险性。第19次科考队，他也担任格罗夫山科考队队长。一次，中国科学院地质所的缪秉魁博士在寻找陨石的过程中，由于过于专注，竟然掉入冰缝，幸亏他用两臂撑住，才保住了命。他狠狠地批评了缪秉魁博士，认为一个南极科考队员不应该两只脚都落入冰缝，一只脚踏空就应该做出自救反应。那一次，他后怕极了。他一再对队员们说，我们是科考，不是探险，不要逞英雄，不要感情用事，自我膨胀，稍不谨慎，就会铸成大错。另一方面，他作为队长，如果不能将每一个队员安全带回来，将无法向组织和队员们的家人交代！那一次出发的时候，缪博士的妻子对琚宜太说："我们小缪就交给你了。"想到那双信任的眼睛，想到缪秉魁博士有一个4岁的孩子，他就更感到后怕了。

　　还有一次，琚宜太跟随导师刘小汉赴南极考察，"雪龙"号停泊之后，距离中山站还有40公里，当时正好遇到暴风雪，眼前一片迷茫，暴风雪差不多完全挡住了视线。这时领队突然胃出血，急需抢救，情况紧急，必须赶赴中山站和附近的俄罗斯东方站，接来医生施行救治，刘小汉毫不犹豫地和机械师李金雁驱车前往。琚宜太也要去，被刘小汉赶下了车，他说，三个人至少有一个活着，就有下一次的机会。但是，琚宜太不这么想，三个人一起去力量一定比两个人大，多自己一个，实际上是增大了保住他们俩的成功系数，于是在雪地车开动的时候，偷偷爬进了车厢。陆原冰区的冰厚不同，冰面凸凹不平，随时会掉入冰窟，或者让雪地车倾覆，而且视线被暴风雪遮断，只能用"雪龙"号上的雷达为他们导航，危险可想而知。四个多小时之后，中国医生和俄罗斯医生被接到船上，领队的胃出血得到及时治疗，逐步脱离危险。那时他就想到，南极科考队员更像是军人，面对危险，必须一搏；面对家庭、父母，这一搏的价值又该如何称量？

另一位队员黄费新博士刚刚结婚，只与新婚的妻子待了几天，就到青藏高原进行南极科考的适应性、自救互救等项目训练，训练结束后又前往可可西里进行科学考察，任务完成归来，没来得及休息，就立即开赴南极"前线"。

中国地质科学院构造学家胡健民心里同样忐忑不安，他是受中国地质调查局委派，作为国家的南极普里兹湾地质制图项目格罗夫山现场执行人，前往南极考察。地质所副所长赵越专程前往上海送行。国家海洋局举行的隆重的欢送仪式仍然历历在目，他永远不能忘记自己从小朋友手中接过鲜花时的激动心情。他觉得机会难得，一定要出色地完成任务。但又不时会有一种复杂的情绪涌上心头，此次南极之行，自己还能不能回来？如果回不来……他不能想下去了。还有儿子正面临高考，能不能考上？他总是放心不下，如果自己不去南极，可以给孩子多一些帮助。他还想到妻子……越是如此，对家的依恋就越深，家庭的负疚与壮烈的豪情此消彼长，时至2005年，随着20年南极科考的发展，此时的主力队员已是"70后"，想法和1985年时的科考队员大相径庭，大无畏的革命理想主义如今已向着科学严谨的发现精神演变，琚宜太这一代人负载的南极科考正在书写新的篇章。

还有副队长、极地研究中心机械师徐霞兴，他的名字和古代旅行家徐霞客只有一字之差，是不是冥冥中注定了他将属于南极？他几赴南极，具有丰富的南极内陆生存经验，并对南极考察怀有极大的热忱。他曾经在北大荒插过队，经历过各种艰苦条件的磨练。在过去的岁月里，他练就了一身本领，是一位技术高超的机械师。他必须保证赴格罗夫山地考察的车辆、机械的安全运行。他个人从来不怕艰苦，也不怕困难，可是对圆满完成此次任务，仍然感到不那么踏实。往事历历在目，此行前途茫茫，每个人都不知道前面会发生什么，汽笛声再次响起，未知徐徐揭开。

雪地摩托车

驶向格罗夫

冷酷西风带

漫长的航海生活是无趣的，对于多年从事海上工作的人来说，几乎可以说"大洋无景观"。他们眼中只有一条线，那就是通向目的地的曲折航线，向南，穿过南太平洋。"雪龙"号上，科考队员们开始各种紧张的准备工作，需要查阅大量资料，以便顺利完成任务。有的在"雪龙"号的电子网络上隐身讨论，有的在狭小的房间伏案工作。队员们内心波涛汹涌，胜于外面的大海。

台湾海峡、新加坡、马来半岛、印尼海域的爪哇海、巽他海峡……隐隐约约的岛屿、陆上星星点点的灯火、海盗的传说，一点点消散在碧蓝的海洋上。"雪龙"号开始越过赤道。这里风平浪静，大海变得如此温顺，光滑得就像一面巨大的镜子，又像是铺满宝石的陆地，让人联想到许多关于大海的童话。尤其在夜航的时候，天空群星闪烁，映照在海面，显出一片深邃的宁静。

"雪龙"号勇闯西风带

然而船长沈权却没有那份闲情逸致。他更加警觉起来，因为很快就要接近西风带了。他不停地查阅各种气象资料，分析数据。这一次，他大胆地采用美国有较强针对性的气象预报系统发布的短中期预报资料，以便在接近西风带的时候，根据这里随时可能生成的气旋的移动方向，及时调整航船的速度、航向，选择最好的时机绕过气旋，或找到气旋之间的缝隙穿越。西风带位于南纬40度至南纬80度之间，是航海的魔鬼地带，是航海史上最可怕的海域。这里没有陆地阻隔，又属于低气压带，不断有气旋生成，然后形成大风暴。在航海史上，多少航船在西风带遭到飓风袭击，葬身海底。因此，对西风带谈虎色变是很正常的。这里很少有风平浪静的时候，西风的频率一般在70%以上，一般风力4—6级，7级以上大风出现的概率超过30%。从南极地区席卷而来的气旋，使西风带的涌浪经常高达五六米。凶猛的巨浪连绵不断，像雪崩一样，时刻威胁着来往船只的安全，即使是今天配备有现代化设施的巨轮，也不得不忌惮几分。

曾任国家海洋局极地考察办公室党委书记的魏文良，是中国南极领域航海事业的开拓者之一，荣获过国家交通部、工信部、国家海洋局、农业部、中国海员建设工会、海军部队推荐评选的"航海终身贡献奖"，曾经是中国最早赴南极科考的"极地"号船长。他回忆起当年穿越西风带的情景时，仍然记忆犹新。

一次，西风带风暴强达12级以上，浪高20米，风浪击打着船舷，他一直站在驾驶台临阵指挥，注视着每一个巨浪，并驾驶科考船选择与涌浪恰当的角度穿过，以保障船体不至于在涌浪夹击下折断。一个巨浪狠狠地摔在后甲板上，打破了一个舱门，将一盘近百米的尼龙缆绳甩到了海面上。这是危险的征兆！一旦船头下沉，船尾抬升，螺旋桨推进器就会打空，尼龙缆绳就可能缠绕住螺旋桨，那样，船将失去动力，必将被风浪掀翻，沉没于万顷波涛之中。魏文良果断组织十个人，生死关头，每个人都爆发了超常的力量，竟然在十几分钟时间里将沉重的缆绳拖了上来——要是在岸上，必须使用机械绞盘才能做到。他们整整与西风带的风浪搏斗了62个小时，船倾斜角度达到30度以上，魏文良船长几天几夜没有合眼，始终保持一个姿势。风浪渐渐平息，当人们把他从指挥台上扶下来之后，他才发现自己身体僵直，双腿不能打弯。回到船长室，由于大脑高度紧张、兴奋，怎么也睡不着，持续了十几个小时之后才平静下来。

的确，这里存在着巨大的风险。沈权记得自己第一次穿越西风带的时候，心情因为太过紧张，竟不知道西风带可怕到什么程度。他每天最重要的事情就是查看各种气象传真资料，不停地分析，不断地查看风向和气压状况。同时越是接近南极，沈权越是感到一种抑制不住的不安和激动。那次正是南极地区的极昼，"雪龙"号已经进入了浮冰区，浮冰的碎裂声，声声入耳。他兴奋地四处观望，眼见远处一个小小的黑点，在望远镜中却呈现出一座巨大的冰山。他操着照相机不断按下快门，结果冲洗出来之后发现胶片上什么都没有。到了南极之后，因为他携带的钟表只有12时的标码，难以从表盘上分出一天中处于哪一个时间段，在极昼中睡去，醒来之后不知自己是在白天还是夜晚。修整时，船员们一起在冰面上踢足球，插上两根旗杆作为球门，很多企鹅来到这里观赏，成为他们热心的观众。企鹅们不知自己世世代代居住的地方发生了什么，它们与"雪龙"号上的船员、科考队员们相互用新鲜的目光打量着对方。

可是，在气候比较好的时候，对于大家来说却只是增加了沉闷。心情放松下来后，反倒是不可抗拒的思乡之情涌上心来。机匠长曹建军在一次出海前得知妻子患了白血病，身体已经极度虚弱，可是他还是咬牙上了"雪龙"号。等他从南极回来之后，妻子已经去世一个月了……这一次出海，按照医

51

冰海航行

生的预测，赵勇的母亲只能再活两个月，可是他一去就是五个月之久！赵勇在船上不断与家中联系，询问母亲的病情，家里的哥哥嫂嫂每次都尽量避开话题或者安慰他，生怕影响赵勇的工作和情绪。但是，对于一个孝子而言，越是回避，带来的越是不安。他流着泪写道：

第二章 **格罗夫**
Grove

母亲啊，请等儿回家

出海前一天，我与母亲道别，母亲骨瘦如柴。我的母亲是一位平凡的母亲，就像千千万万家庭主妇一样，勤劳、善良，操持着家里的一切。自16岁离家外出读书后，难得有时间回家看望母亲；工作后虽家在上海，离母亲也很近，但船员生活使我常年漂泊在外，除了难得在上海时的节假日外，几乎没有时间看望母亲。母亲最常对我说的一句话就是："好好工作，没时间就不要来看我，我身体很好。"

2005年3月"雪龙"号圆满完成21次南极考察任务回到上海吴淞口后，我才抽空给母亲打电话报平安，接电话的嫂子告知母亲生病住院。原来我母亲两个月前因胃部不适去医院，检查结果为胃癌晚期，虽然做了胃全部切除手术，癌细胞仍已扩散至淋巴、血液。母亲坚决不让家人打电话告诉我，好让我在南极安心工作。得知这一消息，我已是泪流满面，不相信这是事实，一向非常健康的母亲怎会突然得此重病，更后悔平时没有多关心她，没有尽到做儿子的责任。我流着泪说："妈妈，明天我又要去南极了，你好好养病。"母亲说："我早知道你要去南极，安心去吧，不要担心我的身体。"

赵 勇

53

冰　障

在澳大利亚弗林曼特港停留了四天之后，"雪龙"号继续南进。很快，西风带出现了，狂风席卷着巨浪迅速将"雪龙"号包围起来，钢铁巨轮在大海面前显得如此渺小，命运几乎难以预测。它一会儿升到了巨浪的峰顶，一会儿落到了波谷里，就像掉入了万丈深渊。一股股强气旋蜂拥而至，海浪呼啸着，一次次扑向船舷，发出轰隆隆雷霆般的响声，船头不断冲击着汹涌的大海，涌浪在剧烈的撞击中化为一片水雾，接着，又一片巨浪腾空跃起……"雪龙"号不断躲避着巨浪的袭击，不时地落入西风带巨大的旋涡中。船员们不断对船上的物资进行加固和定位，这时不能允许一根钢缆松动，船只在风浪中艰难地保持着平衡。铅灰色的云层压得很低，仿佛就在头顶上。差不多四个昼夜的艰难航行，险象环生，惊险迭现，年轻的船长沈权判断准确，措施得当，与气旋不断地周旋，机警地躲闪，及时地规避，调整航向，果断绕行，勇敢地穿越，终于顺利地穿越了西风带。

冰雪笼罩的南极洲就要出现了。它是那样独特而不失优雅：企鹅列队行进或依次跃入水中，或乘着浮冰游览；体形巨大的鲸鱼露出脊背，它们喷出高高的水柱，在半空中开花；燕鸥在空中盘旋……

但是，南极并不会让人们轻易接近它，这就是南极的性格。

12月18日，也就是离开上海港整整一个月的时候，距离中山站尚有20多

54

公里时，"雪龙"号被海冰和体积庞大的冰山挡住了。举目四望，冰山形态各异，许多冰山已经崩塌瓦解，碎冰从顶端落入大海，浪花腾空而起，还有的冰山发生对撞，发出巨响。远处高耸的冰架崩塌的壮观景象，使得一座座冰山碎落下来激起一片迷雾。"雪龙"号虽然绕过了一座座冰山，不断破冰前进，但密集的冰山和坚硬的海冰，最终还是将"雪龙"号挡住了。海冰的厚度已经超过了"雪龙"号的破冰能力，加上四周密集的冰山，随时可能给"雪龙"号带来灾难。

此时，船上的所有物资只有依靠船上的两架直升机和人力来运送了。这是一项艰巨的任务。这里没有科学家、工程师、船长、领队、船员和工人，只有劳动者，只有运输工人。尤其是格罗夫山科考队的队员们，他们必须将科考和生活所需的一切物资在短时间内准备好，包括考察设备、油料、食品、肉类、蔬菜、牛奶、航空餐等等，11个人一起干，每天都要干到很晚，直到每个人都感到筋疲力尽。因为有一个政府代表团随船来到南极，他们希望能够看到内陆科考队出发，所以，必须赶到代表团离开南极之前做好出发前的一切准备工作。这就意味着，留给他们的只有一周时间。在正常的情况下，大量科考和生活物资的运送以及行前准备工作，至少需要两周以上的时间，而且南极的气候变化莫测，在准备工作中会遇到什么样的气候条件，都是一个未知数。

现在，他们没有什么可以依靠，只能每天拼命干活，一天需要劳动十几个小时，睡觉的时间很短，每天大约只睡4—5个小时。准备工作烦琐、沉重，不能有丝毫的疏忽大意。他们面临的一个严重困难是，用于科考的大型物资如雪橇等，因为没有必需的运输工具，无法进站，它们只好滞留在船上。但是，没有雪橇等大型运输工具，怎么可能涉过漫漫冰原，到达格罗夫山呢? 经过商量，大家决定维修改造中山站原来破旧的德国制造的雪橇，以适应南极内陆科考的需要。首席机械师徐霞兴、前来帮忙的"雪龙"号机匠长曹建军以及格罗夫科考队的其他队员，群策群力，开动脑筋，仔细研究了这些德国生产的雪橇的设计缺陷，找到了维修改造的合理方案。徐霞兴根据自己几次内陆野外作业的经验，发现了这些雪橇导向三角架轴在长途科考中断裂的原因，也找到了弥补其缺陷的方法。(后来，他与德国工程师讨论雪橇的质量问题时，因不会德语，他只是在雪橇的机械部位比画了几个手势，德国工程师就

雪地车拉着承载物资的雪橇前行

明白了问题的症结所在，德国厂家对这一批雪橇产品全部进行了赔偿。）

徐霞兴和机匠长曹建军以及一些船员，开始对雪橇断裂的部分进行焊接，对设计中不合理的部分结构进行了改造，对一些薄弱环节进行了加固。这些几乎已经被废弃的东西，变成他们此次科考中最实用的机械。在冰天雪地里，他们冒着严寒，不断呼出白色的热气，劳动使他们忘记了一切。他们仿佛不是来这里从事科学活动的，而是做这些笨重的体力活儿的。科学家们给机械师打下手，使他们的动手能力大大增强了。然后，将科考设备、日常用品、生活物资、油料等搬运到雪橇上。这一点，琚宜太已经在前几次内陆科考准备工作中积累了经验。尤其是将航空煤油装上雪橇，需要付出很大力气。油桶与地面之间、油桶相互之间都结了厚厚的冰，要用斧子劈、铁棍撬、铁锹铲。琚宜太找到了一些窍门，比较省时省力，先劈开油桶周围的冰，然后绑住油桶上沿，用雪地车一桶一桶地拉倒，这样就可以滚动了。

就这样，他们克服种种困难，终于在预定的时间里，把各种物资搬上了雪橇，向中山站进发。

危险与激情

2005年12月23日下午5时左右，微风，天空尽显本色，湛蓝从人们的头顶一直接续到白色的雪线上，一点点变成了深蓝，一些絮状的白云轻轻地浮在上面。一个简单、隆重的出发仪式在距离中山站4公里左右的出发基地举行，队长琚宜太从领队手中接过了格罗夫山科考队的队旗，考察队领导给11位队员敬酒，年轻队员们接过酒碗，直接干掉，老队员们则以中国传统的方式，敬天、敬地、敬朋友，然后一饮而尽。烈酒下肚，一股豪气涌上心头，一声令下，队员们一个个满怀激情登上了蓝色的雪地车。每一辆雪地车车头上插着的五星红旗迎风飘展。发动机吼叫着，显示出强大的动力，脚下的雪地不安地躁动起来，三辆雪地车一字排开，向格罗夫进发。徐霞兴驾驶第一号雪地车，后面拖着两节红色的雪橇，李金雁驾驶第二号，琚宜太驾驶第三号……雪橇上分别载着生活舱、摩托车、样品箱、发电舱、航空煤油、乘员舱等，蓝色、红色、白色的组合，向远处疾驶而去。雪地上站着的送行的人们，目送着这些色彩鲜艳的雪地车和雪橇，在远处的茫茫白雪中变成了小小的斑点，慢慢地消失在南极大陆的冰原尽头……白色，无边无际的白色，南极洲的主色调，淹没了他们。

南极内陆考察的主要运输工具是大型雪地车，它的外形类似于履带式拖拉机，但是履带更宽，约1.5米，而且橡胶履带上配有长长的钢板和钛合金防滑齿。雪地车后边各拉着两个雪橇，上面是各种科考仪器和科考队员们赖以生存的各种物资。驾驶室里除了配有GPS（全球定位系统）导航设备以外，还有寻找路标用的扫描雷达和高倍望远镜。此时，雪地车和发电机是科考队员们生命的基本保障。

雪地车的履带轰隆隆地碾轧着几百万年间形成的南极冰盖，亘古的荒凉被划出了几行长长的履痕，仿佛旷野上早春刚刚犁开的田垄，新鲜、简洁、

第二章　**格罗夫**
Grove

生动。一切都带有除旧布新的诗意之美。极昼的太阳虽然已经过了遥远中国的落日时分，但是仍然悬挂在天边，它的光芒在一片白茫茫的冰雪之上，显得无比耀眼。冰雪上的反光经常让人感到几分迷离恍惚，就像处于梦幻中。原始的梦幻，无边无际的梦幻，一直向远处、更远处蔓延，它似乎一会儿被照亮，一会儿又暗淡下来。冰盖上到处是风吹雪垄、雪丘、雪坝和冰棱，沿着风的方向不规则地排列着，它们展示着风的力量、风的个性以及风的精巧，风的美丽，南极的风让自己的无形化为各种各样的冰雪形貌，它尽情挥洒着非凡的雕塑家的本领，多少晶莹剔透的冰雪奇迹，在其无意间造就。

第一天，他们并没有走多远。几个小时之后，雪地车就停下了，队员们张罗着宿营。他们开始各自忙碌，紧张而有序，队员们在这几天的分工合作中，

雪垄

冰　缝

已经彼此适应了,每个人都能各司其职,扬己所长。拉电线照明,取暖和给雪地车加热,然后挖一桶雪化水做饭,为车厢内的东西松绑。由于冰雪中行车颠簸,每样东西都必须牢牢捆住。队员们正在适应即将开始的生活,漫漫旅途和无数艰难在等待着他们,他们需要足够的耐心,也需要积攒足够的耐力。或者说,是一场马拉松,不需要起跑太快。

七天之后,虽然还是蓝天白云,但南极却逐步露出了狰狞的面目。徐霞

60

兴驾驶的一号车首先发现了险情，茫茫冰原上，冰缝纵横交错，向着远处延伸，他们已经来到了冰缝发育区域。乘员们全部下车，站在原地，雪地车开始绕行，几位队员驾驶着雪地车进行雪地周旋，他们沿着冰缝的边沿向前行驶，找到冰缝较窄的地方再垂直穿越。这需要有丰富的野外经验，还要胆大心细，稍一疏忽就可能掉入深不见底的万年冰缝，队员们携带的救援绳索只有100米的长度，必然无法施救，因此，在这里不能犯任何错误。难以预测的是，很多冰缝上面已经覆盖了冰雪，就像大自然故意设置的陷阱，科考队员如果判断失误，随时可能遇险。徐霞兴穿过一个冰缝的时候，其他队员才发现他的雪地车的履带拉开了一个隐蔽着的大冰缝，另外两辆车只有绕行躲避。

　　雪地车艰难地向南行驶，行驶速度并不快，即使是全速行驶，也不过每小时10公里左右的速度。而且，差不多每半个小时就得下车用铁丝来捆绑一次雪橇，他们带着的两捆铁丝，眼看着越来越少。

蛮荒格罗夫

队员们休息的时间很少，要命的是，他们守着世界上最大的淡水库，却为了节约能源和减少污染，几十天时间不能洗脚，更不可能洗澡。每天起来，只能用湿毛巾擦擦脸，乘员舱里只有七八平方米的狭小空间，不禁让人感到憋闷，而且气味难闻。

雪地车每天都在不断地向上爬坡。其实冰盖表面并不像想象的那样一马平川，而是由无数巨大的弧形台阶组成，行驶在上面的人不仅受尽颠簸之苦，而且总感觉到前方是一道白色的山脊。在队员们眼前，就是这样无穷无尽的山脊，翻过一道，又出现一道，很容易消磨掉人的意志。雪地车重载爬坡，总是出现大大小小的故障，要么漏液压油、履带的连接锁损坏，要么车轮爆裂……这是机械师李金雁和徐霞兴施展他们身手的时候。他们经常要在凛冽的寒风中钻进车底，躺在让人看一眼都感到刺骨寒冷的雪地上修车。其他队员则围在旁边，传递工具，用自己的身体给机械师遮挡凛冽的寒风。

南极内陆由于强烈的下降风的作用，使原本松软的积雪变得又干又硬，就像沙漠里干燥的沙砾一样，不断抽打着队员们的脸，仿佛往伤口上撒盐那样疼痛难忍。就这样，在冰原险象的重重围困之中，格罗夫山科考队员们不断突破各种封锁，目标越来越近了。2005年12月31日，也就是这一年的最后一天，他们终于到达了久已盼望的格罗夫山地区，他们将在世界上最荒凉的地方等待这一年的结束。队长琚宜太这样描述自己第一次来到格罗夫山地区的感受：

在寒风冰雪中修车

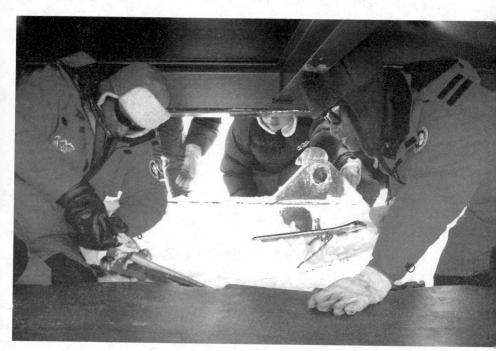

上了冰盖，感觉就是不一样，荒芜而寂静、严峻而粗犷、原始而古朴，自由自在又神秘莫测。太阳仿佛被拴在蓝色的草原上，浩渺的雪面像一个巨大的白色地毯，晶莹娟洁，闪耀着永恒的光辉。四顾茫茫，天地悠悠，不知东南西北。起伏不平的冰雪就像大海中的波涛，远处的拉斯曼丘陵显得异常低矮。

山

南极的夏季很短，即便如此，它也有别于地球其他地方的夏季。一般提起夏季，人们总会想到炎热的太阳、盛开的鲜花、繁茂的植物、一望无际的绿色田野，以及海滨度假的浪漫生活……但是，南极的夏季没有浪漫，也没有丝毫生机，它仍然保持着自己的冷峻，坚持着永恒的冰冷、苍凉和坚韧。格罗夫山尤其代表了南极从不改变的固执个性。2006年的南极的夏季，中国第22次科考队的队旗，在南极的冰雪上猎猎飘动。格罗夫山地区距离中山站南400—500公里，面积约3200平方公里，属于东南极冰盖内陆的冰原岛峰群，共有独立的冰原岛峰64座，是目前东南极地区极少数尚未有任何国家开展正规科学考察的地区之一。

中国在1998—2000年两次由刘小汉博士带队对格罗夫山地区进行了多学科综合考察，在陨石、地质、冰盖和土壤等研究领域取得了突出成绩，有些可能发展为国际领先水平。此外，他们的地形图测绘技术也在国际南极事务中产生了较大的影响。2002年12月—2003年2月的第3次格罗夫山综合考察，历时59天，完成了陨石回收、地质调查、测绘和冰雪调查等各项任务，成果辉煌。此次考察中对格罗夫山3200平方公里区域进行了1：10万全面遥感测图，这是人类在南极格罗夫山地区首次进行大范围全面遥感测图。确认格罗夫山地区为南极又一陨石富集区，共回收陨石4448块，使我国陨石拥有量跃升为世界第三位。其中有一些比较特殊的珍贵类型，可能来自火星或月球。这些南极陨石的发现和多学科的综合研究将会使我国陨石学、天体化学和

南极植物化石

行星科学等领域取得重大突破。此前,我国只拥有32块南极陨石,国内发现和回收的陨石也不到100块。现在,许多相关的科研成果已经或正陆续在国内外重要刊物上发表。

2003年第3次格罗夫山考察的胜利,极大地提高了我国在南极考察事务中的国际地位,确立了我国在东南极,特别是格罗夫山地区的领先地位。在国际南极考察历史上,我国首次从陆路进入今日格罗山地区并开展正规科学考察,拥有毋庸置疑的科学与权益优先权。

从自然地理特征以及从地质构造角度出发,科学家习惯上将南极洲分为东南极和西南极,二者以南极横贯山脉为界。东南极主体是由太古宙、元古宙变质岩系及中酸性—基性侵入岩组成的前寒武纪地质区;横贯南极的山脉是早古生代碰撞造山带,以中—晚元古代、寒武—奥陶纪、泥盆纪—侏罗纪地层和晚元古代、早古生代酸性、中酸性侵入岩为主,以广泛发育晚石炭世早二叠世冰碛岩为特征;西南极基本是一个中新生代构造带,以中新生代地层和花岗岩类为主,以广泛分布火山岩系为特征。

东南极大部分地区属典型的前寒武纪地质,非常稳定,几乎全被冰雪覆盖,只在海岸线边缘和横贯南极的山脉有少量基岩出露。在东南极发现的最古老的岩石年龄为38亿年。人类迄今尚未了解其岩石圈结构及构造演化,对其在全球构造演化历史上的作用和地位亦争论不休。地质学是南极考察的前沿学科,包括基础地质调查(区域地质)、地质理论研究(大地构造、地球化学、古生物、岩石、矿物学等)和矿产资源调查。当人们来到这一片未知地区时，必然希望了解构成该地区的岩石种类、岩石年龄、构造类型和矿产资源。这些调查结果被集中表示在地形图上，称为地质地形图。然后，地质学家们就会进一步考虑地质演化历史，推测该地区与周围地区在地球演化过程中的相互关系，并且加以证明。目前，各国考察站及附近地区不同比例尺的基础地质调查已经和正在完成，小比例尺全南极地质图也随着调查的不断深入而几次更新。中国已经完成了长城站、中山站的基础地质调查和填图，编制了《1：500万南极洲地质图》，此次，第22次科考队员胡健民将完成格罗夫山地区的地质填图工作。

　　过去十几年间，澳大利亚、俄罗斯和中国的地质学家对中山站所在地拉斯曼丘陵进行了认真的调查研究，证实它属于泛非期的构造活动带，岩石经历的变质作用与印度南部和斯里兰卡相似。而澳大利亚、俄罗斯的地质学家则在更南面的查尔斯王子山上倾注了20年的心血，已经了解到那里产出28亿年的太古宙变质核杂岩，可以与澳大利亚戴维斯站所在的西福尔丘陵对比。但大家都对位于拉斯曼丘陵和查尔斯王子山之间的格罗夫山一无所知。显然，对格罗夫山的考察将成研究伊丽莎白公主地带的岩石圈结构和构造演化提供直接的证据，因此多年来一直是研究东南极的地质学家关注的地方。

　　2005—2006年的第22次科考，这是中国科考队第四次进入格罗夫山地区。11名队员，各自带着专业任务，来到这块令人望而生畏又具有非凡价值和极大诱惑力的生命禁区。

南极风凌石

陨 石

格罗夫山地区还是地球的陨石富集区。陨石和宇宙尘是来自地球之外的各种天然样品,保存了从太阳星云起源到包括地球在内的各种行星形成和早期演化的信息,一些最原始的球粒陨石中还含有来自超新星、红巨星等太阳系以外的其他恒星物质。陨石和宇宙尘的研究,对于我国深空探测工程的实施和科学目标的实现具有重要的意义。大量的南极陨石将为我国天体化学与比较行星学的发展、月球及其他深空探测计划的顺利实施,提供坚实的物质基础。

南极陨石的发现和研究,已成为我国在极地科学领域的一个亮点。我

68

国科学家除了陨石回收以外，还在格罗夫山首次发现了内陆极寒冷荒漠土壤、大量沉积岩转石中的微古生物化石组合，以及冰碛堤、冰蚀线等重要的冰川地质界线。此外，通过原地生成宇宙成因核素的岩石暴露年龄测量，在新生代东南极冰盖演化历史研究领域发现了具有挑战意义的初步结果。这些数据显示内陆冰盖在上新世之前，曾经比现今厚至少200米，而在上新世晚期发生过大规模的退缩，以致冰盖边缘后退至格罗夫山以南。这些发现不仅可以准确地描述东南极内陆冰盖新生代的演化历史，而且极有可能对地球历史气候环境变化的轨道与行星因素的传统争论，提供重要的证据。

南极是全球气象资料最贫乏的地区，气象台站的密度远小于人类居住的其他地区。在卫星遥感技术飞速发展的现代，为了对卫星遥感资料提供地面验证，以及由冰雪代用资料建立南极地区长期气候序列，南极地区的地面现场气象观测仍是不可取代的。格罗夫山地区气象资料贫乏，除1998—1999年获得的少量考察资料外，基本上是空白。该地是下降风多发地区，在强度上明显大于中山站，在时间上早于中山站。在格罗夫山地区设置自动气象站，对积累和提供南极冰盖空白区的气象资料，认识该地区的天气、气候特征和研究陨石风成富集分布特征等有重要意义。

总之，格罗夫山地区的科学考察对于人类科学的发展具有重大价值，它所富含的信息不仅关涉到我们看待宇宙的视野、角度和方法，也关涉到人类的整体命运，人类活动的相关信息都将在格罗夫山地区得以反映和记录。

从远处看去，辽阔无垠的冰原，地平线上隐约浮现一个小小的黑色斑

69

点，如果没有足够好的视力，很容易忽视这一可疑的黑点。几个小时之后，这一黑点渐渐增长——富有南极内陆科考经验的人们，一下子就能判断出那个不断增长的黑点绝不是简单的雪丘。望远镜显示出了它的真相：一座山峰的尖顶露出冰面。就像长期在大海上航行的海员望见了渴望的陆地，格罗夫山在科考队员的欢呼声中，来到了面前。

以1号营地为中心，李金雁开着雪地车，将队员们疏散到远离营地，又隐隐约约能看到营地的工作点。他们开始收集陨石，从各个方向向营地靠拢。在南极，95%以上的大陆上都覆盖平均两三千米厚的冰盖，冰雪就像一个大大的盖子覆住地表。积雪压成的冰层中充满气泡，当强烈的下降风扫开浮雪，亘古不化的坚硬光滑的冰面就显出了自己的魔力，它折射着极地太阳的光芒，呈现出幽蓝的色彩，就像大片大片风波不兴的湖泊。队员们就在这蓝冰上寻找着多少年前从天外飞来的陨石。

世界上90%以上的陨石是从南极收集来的，一场激烈的陨石回收国际竞赛已经在南极内陆展开。琚宜太记得，刘小汉博士带队在1998—2000年两次共回收32块陨石，他凭着一个科学家的直觉，推断格罗夫山可能是一个新的陨石富集区。在第3次格罗夫山综合考察中，陨石回收成为最核心的项目，他幽默地将这支科考队称为"中国陨石猎人队"。北京的饯行宴上，刘小汉博士曾给他们布置了突破100块大关的任务。依当时的装备和人力而言，完成这样的任务具有很大难度。但是，幸运降临到他们头上，那次的陨石收集量居然突破了4000块。那一次，前三块陨石就是在蓝冰上找到的。

蓝冰上的独行者

徐霞兴下了车，没走几步，就发现右侧的冰面上有一颗大约只有几克重的小块陨石，它静静地待在那里，在蓝冰上格外耀眼。徐霞兴轻轻地蹲下身子，好像生怕惊动了它似的。他仔细打量着那一颗黑色石块，看到它在穿过地球大气层的过程中燃烧形成的外表熔壳，确定了它的身份——一枚碳质球粒陨石。于是，他把林扬挺喊过来，告诉他自己发现了一颗陨石。徐霞兴觉得，这次在格罗夫发现的第一枚陨石，应该让这位著名的天体化学家亲手捡拾，让这位在实验室研究了几十年陨石的科学家，亲手拾起自己科研生涯中第一次在野外发现的陨石！林扬挺从远处跑了过来，蹲下去看了很久，他几乎是怀着对这颗陨石的无限敬意，虔诚地、轻轻地开始测量、照相。然后他站起身来，兴奋地拥抱徐霞兴，泪水喷涌而出。是的，一位研究陨石的科学家，第一次接触到呈现着自然状态的陨石，这位小小的天外来客，几百年、几千年甚至在更遥远的时间中，一直在这儿等待着，直到他们发现了它！对一位中国科学家来说，这是多么深的缘分啊。

　　1月16日，他们来到格罗夫山已经半个多月了，这一天让徐霞兴难以忘记。他在5号营地附近，将几块陨石刚刚收入样品袋，突然一阵大风将样品袋吹走了，他赶忙摘下手套追赶。蓝冰上，冰晶雪雾对光线完全散射，使人失去平时的视觉，只觉得上下左右全是茫茫白色，天地之间失去了界限，方向感也差不多完全丧失。人被一片浓重的白色所包围，眼前只有那个样品袋在引导着。他在蓝冰上奔跑着，样品袋在前面飞着。一直追了几十米，或者更远一点，突然，他被眼前的景象惊呆了。那里有更多的陨石出现在他面前。

第二章 格罗夫
Grove

　　这一天,他的收获太大了,找到了252块陨石,将近有8公斤重。这一天回到营地,发现每个队员的收获都不少,总共收集到将近20公斤陨石。大家兴奋地谈论着各自寻找陨石的经过。渐渐地,劳累了整整一天的人们,有的睡着了,有的在翻阅图书或查看科学资料,有的开始记日记,将这一天的经历详细地记录下来(大部分科考队员都有写日记的习惯),老徐则一遍又一遍地反复听着同一首歌曲《嫂子颂》。因为,他曾在黑龙江北安县襄河的种马场做过牧马人,一听到这首歌,就像回到了曾经生活过的地方。

　　事情不可能总是顺利的,往往是曲折的参与,使事物的价值大大增加。在格罗夫的9号营地,突然出现了强烈的地吹雪气候,他们的视线被白茫茫的风雪完全遮住了,能见度极低,一眼望去,看不到几米远的地方。第22次科考队员们已经被风雪包裹住了,周围的一切消逝于雪雾之中,雪地车、雪橇和队员们被迫停下来,就地扎营。下车之后,细心的科考队员发现,他们已经踏入了又一片冰缝密集发育区,他们俯下身子仔细察看,在生活舱停车大约两米远的地方,就有一条大冰缝,队员们惊呆了——太危险了!假如方向稍

蓝冰上的碎石带

微偏移，那可就掉下去了。队长让大家不要随便下车，然后让几个队员在冰缝边沿一溜插了四个冰镐，作为危险的警告牌。队员们在乘员舱里无奈地等待气候转好，时间变得十分漫长。中央电视台的记者刘晓波，这时却热情焕发，在冰缝边上堆起了一个大大的雪人，这看起来像是游戏的举动，此时却令人感到颇具仪式性的庄严。确实，正如以前南极科考队员所言："在格罗夫山，你向任何一个方向跨出一步，都可能是人类的第一步，但也可能是自己的最后一步。"

岛　峰

亘古冰原上，南极格罗夫的岛峰迎风耸立，在残酷的环境中塑造了自己独特的形象。南极的冰盖淹没了无数山峰，只有格罗夫的岛峰能够露出自己的胸膛。由于冰川的侧向刮削作用，大部分的岛峰拔地而起，最高峰梅森峰在远处冰雪的辉映下，有如擎天一柱；被岁月剥蚀得粗砺冷峻的悬岩峭壁，在太阳的照耀下，熠熠发光，透露出岛峰特有的气质和魅力。

岛峰一般由古老的片麻岩和相对年轻的花岗质片麻岩组成，岩石表面或者被狂风裹挟着雪粒吹蚀成蜂巢状，或者被冰流削磨成平滑的斜坡。经过数万年的狂风劲吹，在岛峰的迎风面，往往形成深深的环形溶雪沟，山峰越大越陡峭，沟壑也越大越深。这些深沟切开积雪覆盖的蓝冰层，随着常年下降风的方向往西北延伸出去，形成狭长的蓝冰峡谷。峡谷的冰壁近乎直立,高达数十甚至数百米以上。站在谷底,只见蓝天被万仞冰壁冷酷地切割成不同的形状,峰尖义无反顾,直冲云霄。走入蓝冰峡谷是接近山峰的唯一途径。几天来胡健民一直带着冰镐和地质锤在冰崖或冰坡上攀缘,在冰坡上,由于重力原因形成种种的冰裂缝,靠近时需要处处小心。格罗夫山极度寒冷,以至于他必须将照相机放在贴身的地方,用体温保护着,否则,照相机只要按下一两次快门,电池就没电了。零下几十度的环境,使得这里无法使用电脑,只能使用卫星遥感影像图作为地理地图。为了保持手指灵巧,他必

岛　峰

须耐着酷寒，除去最外面那层厚厚的手套，留下里面的薄手套作业，以便操作GPS定位仪。他不断地寻找各种岩石，用地质锤敲打，寻找着大自然隐藏在这些石头中的原始信息。

更让人难以忍受的是，一个人在这样的地方常常要工作十小时以上，孤独、寂寞、恐惧交织成一张巨大的网，让胡健民感到阵阵冰冷和无助。天有时是那样蓝，蓝得让人心悸，让人空虚。下面是深深的冰壑，身边是纵横交错的冰裂缝。环顾四周，一片苍茫，冰雪、冰雪，还是冰雪，眼前全是挥之不去的白色，反射的太阳光使得白色变得特别耀眼，人几乎要瞎了一样。一个人，只有一个人，在这原始荒凉的岛峰上，天地之间，只有自己一个人，这是多么深的孤独啊。

红日映照下的格罗夫山最高峰——梅森峰

有时，胡健民觉得自己的精神就要崩溃了，但是一定要完成科考任务的信念给了他强大的动力。一次，当一天的工作快要结束时，远远地，他看到一个小小的黑点向自己的方向移动，渐渐地，黑点越变越大，直到看清楚是队友程晓博士驾驶着雪地摩托车，在一片冰缝纵横的蓝冰上疾驶而来接他回营地，他感动得快要哭了。那时，有一种在绝处逢生的感觉涌上心头，一切严寒、恐惧、疲劳、饥饿……一下子消逝得一干二净。

又一次，也是这样的时刻，太阳似乎要沉下去了，却仍然久久地徘徊在地平线一带，整个世界暗了下来，辽阔的蓝冰上已经失去了反光，变得深蓝深蓝的。风越来越大，雾气也越来越重，胡健民感到孤独和恐惧再次袭来，好像脚下的岛峰也变得不那么可靠了，他像是就要被世界抛弃了一样。那时。一切都变得狰狞起来，分不清云和岩石，也分不清天与地、冰与雪，世界的边界没有了，甚至连没有尽头的尽头都消失了，只要一阵风都可能将他吹入深谷。忽然，他发现一片迷茫之中，出现了一盏灯！开始灯光是隐隐约约的，渐渐变得越来越明亮，越来越接近了，灯光就像放大镜一样逐渐在一片暗淡的苍茫中放大了。他又一次从绝望中找回了希望，胡健民知道，是队友接他来了。

他甚至忘掉了危险，沿着冰坡快步走下岛峰，来到大冰盖上和他的队友会合。队友彭文钧驾驶着雪地摩托车正在那里等着他。原来，大家看他一直没有回来，担心他的安全，队长就派彭文钧前来接应。他毫不掩饰自己激动的心情，热泪不断涌出眼眶。后来，他在一次讲课时回忆起当时的情景以及自己的感受时说道，那一刻，远远地看到队友的灯光，就像是看到了自己心中的太阳！人在此时，仿佛什么都没有这一束光更重要了。

地吹雪

南极的地吹雪是极其可怕的。一位外国科考队员曾经因上厕所而迷失于地吹雪中，地吹雪停止后，人们在距离科考站宿舍几米远的地方，发现了他的尸体。一次，科考队在格罗夫山地区遇到了险情。冰雪迷蒙，强风狂吹，似乎整个雪地被一股巨大的力量掀了起来。此时，天地间只有白茫茫的一

地吹雪

片，更严重的是，之前人们在营地周围发现了大量冰裂缝，如果队员们此时下车工作，遇险的可能性很大。所以队员们只能待在车厢中，等待天气好转。

但是，胡健民知道，能够在格罗夫山地区工作的时间不多，而且，现在营地正好处于格罗夫山地区的梅尔沃德岛峰附近，大约只有几公里远就可以到达那里。他想这是一个不错的机会。如果失去了这一机会，不去采集岩石和测量地质状况，就会缺失很大块的地带地质资料，在地质图中留下一片空白。真要这样，将会留下很大的遗憾。胡健民想来想去，觉得无论如何都应该前去梅尔沃德岛峰。他向队长请示，琚宜太深知这一任务的意义，但也非常了解在这种情况下登岛峰的危险，犹豫了好一会儿，他先是想派两辆摩托车护送，但又觉得车辆越多，发生危险的概率就越大，最后决定由具有高超雪上摩托车驾驶技术的彭文钧护送他前往。

雪地摩托车的发动机发出低沉的吼叫声，在风雪中隆隆地起动了。速度不能太快，这时人的视线变得很短，像刚出生的婴儿那样，直直地注视，却只能看出几米远的距离。摩托车驶过，车辙很快就会被大雪掩埋，仿佛在这片蛮荒之中，什么都没有发生过。冰面起伏，摩托车剧烈地颠簸着。他们时刻面临危险，冰缝不知在什么时候就会出现……实际上，他们已经不知不觉地越过了一道道冰缝，只是他们几乎是闭着眼睛过去的。彭文钧不愧是驾驶雪地摩托的好手，他开始沿着大冰缝小心翼翼地前进，后来，垂直穿越了好多小的冰缝，再后来，他更加谨慎地摸索着前进。几十分钟后，他们终于来到了梅尔沃德岛峰。

测量地质状况及安装角反射器

一座朦胧的山影出现了，他们看到了一个庞大的山体横亘在面前。两个人开始向山顶攀登，至少有七八级的大风，迎面吹来，人几乎站不稳脚跟。他们感到自己的脚下变得轻飘飘的，有点儿像宇航员在太空中那种失重的感觉。两个人穿着厚重的衣服，行动起来十分笨拙。胡健民的衣服里塞着照相机，携带着罗盘、岩石标本，手里拿着GPS定位仪和两把地质锤，动作就更加缓慢，每迈出一步，都要付出很大力气。何况，这样的情况下，在岛峰上工作，稍不小心就会被大风吹下悬崖。彭文钧则回到营地，他要载上自己的工作器材，重新返回梅尔沃德岛峰，在这里安装角反射器。这是他的另一项重要工作。角反射器安

第二章　**格罗夫**
Grove

装之后，卫星就可以接收信号，获得地面的有关数据，科学家们才能依据这些数据对南极地区的冰流情况进行研究。摩托车的声音远去了，狂暴的地吹雪并没有停息的意思，反而更加变本加厉。

胡健民摸索着，寻找着自己所需的岩石样品，不断操作GPS全球定位仪，对着罗盘，反复核对地理位置和相关数据，将岩样放入样品袋。一个多小时后，彭文钧和另一位队友程晓带着各种设备返回来了。一片雾雪之中，三个人各自进行工作，尽管不在同一个地点，距离甚至还很远，彼此也看不到对方，但是，他们知道队友就在身边，心里感到十分踏实。不知不觉，三个多小时过去了，胡健民完成了梅尔沃德岛峰的岩石采集工作，开始和彭文钧、程晓一起安装角反射器。这是一件很艰难的事情。他们先要找到岛峰的高点，然后找到一个坚固的基岩，再在岩石上打孔，还要将一个个螺栓拧紧，固定设备。在严寒和大风中，要想完成这一连串动作异常艰难。况且，螺丝帽很小，直径只有8毫米，带着手套很难作业。为了提高效率，三个人干脆忍着疼痛，摘掉了手套。严寒仿佛蚂蟥一样钻进皮肉，使他们感到了彻骨的疼痛。手指被冻僵了，而且一接触到螺丝帽就被粘住，根本拔不开。这时候他们什么都顾不上了，只想着赶紧把角反射器安装好。角反射器安装好之后，他们又开始进行另一项工作——地形测绘。这几个小时，梅尔沃德峰让他们重新认识了格罗夫，也重新认识了自己。完成全部任务后，彭文钧一前一后带着两个队友，驾驶雪地摩托返航。再次上路时他已成竹在胸，就是闭着眼睛也能找到营地。这时，手表指针已经指向第二天的凌晨4点钟了。

在南极过春节

春节到了，中国大陆上的春天即将来临。远隔重洋的南极洲却没有任何节日气氛，一片冰冷。2006年1月14日，远在400公里之外的中山站的科学考察队领导决定乘直升机前往格罗夫山慰问队员。得悉这一消息，队员们非常高兴，而胡健民却怀揣着另外的一个想法。他想借着这次机会，利用慰问团的直升机对格罗夫山地区最北面的几个岛峰进行考察。通常情况下，由于这些岛峰距离较远，直升机续航不足，考察就不得不放弃。可那会为考察留下很大的遗憾。反复掂量后，他把这个想法告诉了队长琚宜太。队长又和几个队员商量后，认为危险很大，但机会难得，还是应该争取领队魏文良和杨惠根的支持。他们和科考队领导通了话，没想到，很快得到了答复，魏文良和杨惠根对格罗夫考察队的想法，给予大力支持。

胡健民赶紧开始与队友们紧张地做准备工作，他们确定了所要考察的岛峰的GPS位置（地理坐标），并做好器材、装备上的准备。琚宜太几次深入格罗夫山地区，知道他们要到的地方冰缝密集，情况变化多端，一再告诫他们，那一带非常危险，要有充分的心理准备和可依赖的救生准备。这一天下午2点钟，两架飞机从普里兹湾一带的中山站起飞，飞行400多公里，来到格罗夫队的5号营地。节日慰问演变成为胡健民他们送行，科考队的领导几句简单的问候完毕后，队员们就出发了。直升机的螺旋桨不断卷起冰上的浮雪，遮住

82

了人们的视线。飞机轰鸣着飞向冰原，不一会儿就变成一个小黑点，然后消失在远处。

　　每个人穿的都比平时要厚得多，还带足了三天的巧克力，以防不测。因为，直升机对气候条件有一定要求，一旦遭遇恶劣气候，就不能起飞，硬要出航，就可能机毁人亡，所以队员们必须做最坏的打算，鉴于可能遇到暴风雪和其他危险，随时准备好自救十分重要。一架飞机载着林扬挺前去寻找新的陨石带，另一架飞机则载着胡健民、方爱民和黄费新三人，去完成他们各自的考察任务。七八十公里的路程，沃茨岛峰、纳德岛峰、库克岛峰转眼之间就到了。飞机依次将三人放在不同地点，然后返回营地，迅速消失在天空中。

　　现在，他们来到这从来没有人类足迹的地方，对这里的地形和冰缝情况一无所知，每一个人又是单独工作，面前的一切仅仅是一个方程式，等号另一边的结果还是个未知数。他们只有两个多小时的工作时间，必须在6点钟之前返回营地。紧张与不安、孤单与恐惧、寒冷与强风随时可能袭来的危险，使他们变得敏感多疑。琚宜太曾经在一篇文章中说过大意如此的话："在别人眼中，我们也许是一些随时准备牺牲的敢死队员，有着钢铁般的意志，实际上我们也有脆弱的时候。"这一点，胡健民深有体会。的确，在这次行动中，他几乎没有考虑可能的风险，只是想着如何完成任务，真有股敢死队员的劲儿，可是一旦来到岛峰之上，恐惧感就现实而清晰地向他袭来。

　　方爱民博士对这次飞往那些岛峰有过激烈的思想斗争。去还是不去，他想了又想，但是他在队友们面前并没有显露出来，他不能因为自己的怯懦影响大家的情绪。最后，他还是选择了和队友们一道前往，在庄严肃穆的气氛中登上了直升机，随着飞机轰鸣，他的犹豫也被带到了高空，然后就消散了。过了许多时候，时过境迁之后，他才在一次聚会中，和队友谈起自己当时的真情实感，坦率地承认了自己当时的犹豫和胆怯。

工作是紧张的，但他们也会为自己的处境担忧。如果飞机来不了呢？如果气候突然变了呢？暴风雪突然降临了呢？一切都不可预测。40分钟之后，飞机来了，先是隐隐地听到了低沉的声音，然后看到了朦胧中飞机的轮廓，胡健民的心一下子放下了，那时他才真切地认识到，飞机是他们全部的希望，全部的寄托。他拖着几十公斤重的岩石登机，然后到另两座山峰去接上小黄和小方。看到他俩气喘吁吁，冻得脸色发青，流着鼻涕，在他的身后坐下，胡健民感到自己的眼睛湿润了，喉咙好像有什么东西卡住，说不出话来。他心里翻腾不已，觉得想要表达当时那种复杂的感受，一切语言都是苍白的。胡健民只是看了他俩一眼，就再也不忍心看了。他掏出怀中的照相机，对着方爱民和黄费新，颤抖着按下了快门。这张照片虽然没有自己，但对胡健民来说，却值得永远珍藏。

螺旋桨在头顶发出巨大的响声，飞机剧烈地颤动着，在格罗夫上空紊乱的气流中颠簸着，向科考队的营地飞去。

此时，遥远的祖国，正在欢乐中度过春节。家家户户的门上贴上了红色的春联，挂上了红色的灯笼。城市的大街小巷，一片欢腾，节日的礼花不断升上夜空, 遮盖了天上的群星。乡村的农家小院里笼起了旺火, 火焰染红了夜空, 孩子们点燃了一挂挂鞭炮。人们从四面八方赶回家中, 团团围坐在一起, 享受着天伦之乐。

"南极精神"

2006年3月28日，中国第22次南极科考队安全回到祖国，下一次科考队正整装待发。

国际极地年50年一次，它是全球科学家共同策划、联合开展的大规模、高强度的极地科学考察活动，被誉为国际南北极科学考察的"奥林匹克"盛会，由国际科联（ICSU）和世界气象组织(WMO)共同发起。2007—2008年间，又一次国际极地年行动开始了。这次国际极地年的宗旨是通过开展国际合作、多学科交叉的科学活动，在极区建立全面、系统的观测体系，系统地获取数据；探索极地科学前沿，增强对极区与全球关系的认知与了解；在世界范围内宣传和普及极地科学知识，吸引和培养新一代极地科学工作者。

目前，参加第四次国际极地年行动的国家和国际科学组织有100多个，科学家5万多人。中国科学家积极参与了活动的组织策划工作，在全部16项科学计划中，由我国科学家提出的PANDA计划得到了各国科学家的积极响应，已经被确定为国际极地年核心研究计划。又一次新的南极科考行动就要起程了。中国南极科考事业正在向新的高峰攀登。

中国科学家在南极科考的艰巨历程中，创造了自己的"南极精神"，它将成为中国科学事业的伟大精神资源。正如宋健同志在1994年指出的："我们南极考察队员振兴中华、为国争光、艰苦奋斗、团结拼搏的'南极精神'，牵动和凝聚了亿万人民的爱国之心、强国之志，为推动和发展我国南极事业产生了巨大的影响。"

第22次南极科考队格罗夫队队长琚宜太回忆起那些日子，充满了骄傲与自豪，但是，让他遗憾的还有三件事：第一，他们收集的陨石数量本可以超过美国，但是，格罗夫持续恶劣的气候使他们失去了这次机会。第二，他的导师、格罗夫科考事业的开创者刘小汉博士，在他们出发前就再三叮咛，希望这次能够带回格罗夫最高峰梅森峰的连续样品。在他们到达格罗夫后，刘小汉博士还再次来电询问情况，但是六天的暴风雪耽搁了时间，刘博士的这个愿望也未能实现。第三，他们原打算从北线穿越，返回中山站，这样既可以节约两天的路程，还可以进入这一人类从未踏入的区域，取得第一手科考资料。但是，欧洲人早就断言，人类很难进入这一区域。队员们反复查看欧洲卫星的影像资料，资料显示，那里的冰裂缝纵横交错，其复杂和凶险程度远远超过其他地区。要闯过这一"鬼门关"，这次的时间已经不够了，他们只好放弃。

在赴南极的日子里，"雪龙"号轮机长赵勇的母亲去世了，他在《怀念母亲》一文中写道：

打开窗，南极刺骨的寒风吹在我脸上，房间里充满了寒冷的气息。我一边抽着烟一边回想着，看着烟雾里那时而清晰时而模糊的影子独自发呆。躺在床上想着，我在梦里面想着，然后起身坐在电脑前，点了支香烟。的确，欠母亲的太多太多了……往事在眼前一一掠过。自小体弱多病的我，在我七岁那年得了肾炎住院，母亲把家里事忙完后，天天还要赶到医院照顾我。出院后，由于我调皮好动，累了后肾病再次复发住院。这次出院后，我母亲再也不让我走动了，天天两次背着我去三公里外的医院打针；又为了根除我的

冰山

病，每星期还要背我去医院看中医，这样持续了半年时间，我的病得到了彻底根除。在我的记忆中，每当母亲背我走在路上，碰到认识的，人家老远就在叫我母亲"骆驼、骆驼"，当初我没觉得什么，长大后才感觉母亲对我无微不至的关怀，感觉到母亲的伟大。

　　……昨天妻子在电话中的话一直萦绕在我的心头："母亲在滴水进不了的情况下，在床上硬是挺了十天，就是希望能等到你回来！"我的心还怎么能静下来，只能在心里大声呼喊："母亲，请原谅儿子的不孝！"我用水使劲儿地冲洗着我的脸，冲洗着我的泪水。

他回到家里的第一件事情，就是扑到母亲的灵位前请罪。

科考队员黄费新在南极得知父亲生病的消息，一种不祥的感觉一直折磨着他。当"雪龙"号返回到上海港时，他的父亲已经去世一个多月了。

在南极国际科考布局中，有四个必争之点引人注目：南极点、南磁极点、冰点和最高点。美国在南极点建立了阿蒙森—斯科特站；法国、意大利在南磁极点共同建立了康科迪亚站；俄罗斯在南极冰点建立了东方站，现在，只有最高点——冰穹A了。冰穹A具有极高的国际关注度，它同时汇集了多个科学前沿问题，是许多科学家梦寐以求的观测和实验站。中国人要问鼎南极最高点了。

C第三章
hapter

冰 穹 A

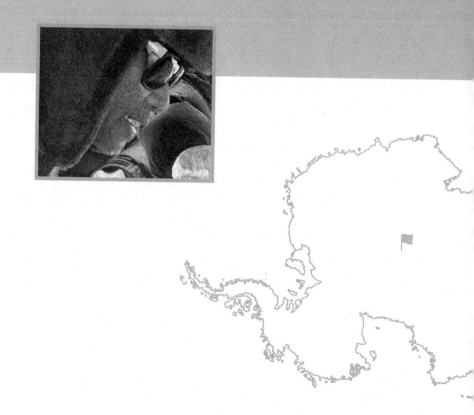

- 不可接近之极
- 向南，一直向南
- 2005，登顶冰穹A
- 2008，准备建站

不可接近之极

最具科考价值的区域

南极冰穹A位于南极内陆冰盖的最高点，气候条件恶劣，海拔4093米，是南极海拔最高的区域。因其地理位置和科学意义上的突出优势，成为南极大陆上仅余的最富吸引力的科考地区，同时也是人类从未到达的地区之一。

它的位置处于东南极高原一系列冰岭中间，气候多变，降雪量稀少，是南极冰盖下降风的最重要发源地。这里的水分沉积直接来自地球平流层的大气，它的物质组成和变化反映了气候学意义上能够代表全球大气环境的物质组成与变化，它是地球气候环境动力系统的重要驱动源，堪称全球气候环境变化的放大镜，是检测地球气候变化的理想区域，是环境动力学本底观测、地球物理观测、日地系统观测等重要科学项目的最佳观测点。而且，这里的冰盖比较稳定，具有向四面缓慢流动的特点，冰层厚度可达3000米左右，像是一层层冰雪编写的百万年计的日记簿。如果在这里进行冰芯钻探，有望取得地球几十万年甚至150万年以上最完整的气候和环境变化记录，破

浮冰群

解其奥秘。它的特殊性是地球上任何其他地区和其他观测点不能替代的。

冰穹A还是南极最冷的区域之一，在这里可能测到南极的最低温度。它的巨大冰盖之下，覆盖着规模宏大的甘布尔采夫山脉，它宏伟的气势堪与阿尔卑斯山脉媲美。地质学家惊讶于这一山脉的存在，希望通过钻探取得岩石样品，以便弄清楚这一山脉的形成和地质演化过程，进一步揭示整个南极大陆的地质构造。

冰穹A还是地球上最理想的天文观测点。这里风力很小，影像不会受到大气湍流的扰动。另外，还由于南极独特的臭氧空洞，在此架设天文望远镜能够观测在其他地方被臭氧层吸收的紫外线，具有很好的视宁度，其天文观测条件可与美国于1990年4月24日由"发现"号航天飞机放置在太空的哈勃望远镜相比。重要的是，在这里建立天文观测点，不仅节约成本，而且能够搭载更多的天文设施，比在太空上节省很多成本。

在南极国际科考布局中，有四个点引人注目：南极点、南磁极点、冰点和最高点，这四个点也可以说是科考者的必争之点。

南极点是地球物理学上的极点，即地球自转轴与地球表面的交点。在这一点上，美国在1957年建立了阿蒙森—斯科特站，后来被南极的风雪掩埋了，美国被迫在1974年放弃。后来在距离旧址不远的地方又建立了新的科考基地，并于1975年投入使用。阿蒙森—斯科特科考站建立在南极最醒目的位置上，为其将来在区域及权益划分上埋下了伏笔。

南极磁点，则是在1908—1909年间由英国探险家发现的。1912年，英国探险家莫森试图从南极大陆西侧到达南磁极，发现南磁极正在向西移动。而法国和意大利占据了位于沿海的南磁点，共同建立了康科迪亚站，使其成为地磁活动研究的关键点，具有重要的航天和军事意义。

南极冰点，即南极能够测到的最低温度区域。俄罗斯已经占据了东南高原内陆腹地，建立了东方站。东方站在地磁偶极点上，是南极极光卵的中心。这是一个距离极点最近的内陆冰盖考察站，它建于1957年，地理坐标为南纬72度28分，东经106度48分，它以俄罗斯探险家别林斯高晋探险南极所乘坐的船只命名。东方站所在点海拔3600米，其高原含氧量很低，几乎等同于其他大陆海拔高度5600米处的含氧量，也是目前测到的南极最冷的地方，1983年曾经实测到零下89.2摄氏度的最低温度。日本则在大陆边沿建立了三个考察站后，又在内陆建立了冰穹F站。

可以说，南极科学考察最重要也最有价值的几个点，都已经由一些南极科考大国捷足先登。现在，冰穹A的地理位置虽离我们最为遥远，是人类地理意义上的未知点，但冰穹A具有极高的关注度，它同时汇集了多个科学前沿问题，是许多科学家梦寐以求的观测和实验场，人类的许多疑问，可望在此找到满意的答案。

"金羊毛"寓言

20世纪70年代，英国、美国、丹麦等国在南极进行航空物理调查，其中有一条飞行航线穿越了冰穹A地区，将之命名为Dome Argus。Dome意为冰穹，Argus则是古希腊神话故事《金羊毛》中一个船匠的名字。这一命名意味深长。

神话中的伊阿宋为了寻找金羊毛，雇用阿耳戈斯（Argus）为他建造了一艘能够承载50人的大船，此船建成之后即被命名为"ARGO"号（取自船匠名）。勇士们乘着这艘大船，所向披靡，无往不胜，历尽艰辛，完成了海上航行，获得了金羊毛。它意味着冰穹A就像那个诱人的"金羊毛"，能到达那里，就能获得不朽的成就。

1997年，第13次科考队承担着"国际横穿南极计划——中山站至Dome—A断面考察"任务。由8名队员组成南极内陆冰盖野外考察队，驾驶三辆雪地车拖载雪橇，从中山站出发，用13天时间向南极大陆内陆腹地的冰穹A进发，挺进300公里之后折返。

1998年，第14次南极科考队8名队员历时17天，向冰穹A方向推进到464公里处。考察期间的最低气温曾达零下44.5摄氏度，所有队员的脸部都出现不同程度冻伤。

1999年，第15次南极科考队的10名队员推进1100公里，到达南纬79度16分，进入冰穹A地区。此次考察历时50天。这次考察的一个重要成果，就是在世纪之交起草了第一份内陆站建站的建议。

时隔6年，2005年，第21次南极考察队的13名考察队员昼夜兼程，历尽艰险，终于突破南纬80度线，乘车行程1280公里，抵达冰穹A。

风雪营地

　　南极考察者们经过几年的不懈奋斗，终于将五星红旗插在了南极冰盖之巅。这一次壮举，为中国在冰穹A建立科考站创造了充分条件，中山站到冰穹A的地面通道被打通了。这条通道正像"金羊毛"寓言中的"ARGO"号，将载着中国人去拿回那稀世珍宝金羊毛！

　　历史等待着中国南极科考队员们以坚强的意志、勇气和智慧战胜一切艰难，去完成一次次史诗般的航行，翻开南极科考史上辉煌的一页。

向南, 一直向南

1997, 首次挺进: 内陆冰盖

事实上, 南极考察的每一次行动都充满了危险。现任国家海洋局极地考察办公室党委副书记的秦为稼, 曾是中国第13次南极科考队内陆冰盖野外考察队队长。正是这支考察队首次尝试性地向冰穹A方向挺进。实际上, 在此之前的第12次科考队就准备行动, 但是由于 "雪龙" 号发生事故被迫回到南美智利的一个军港停靠维修, 只能终止了。第12次科考队无功而返。

秦为稼清楚地记着, 那次考察的行程极其曲折。他和机械师王新民在1996年的中秋节, 乘飞机先到澳大利亚的霍巴特港, 然后转乘澳大利亚 "极光" 号考察船, 经过一个多月的海上颠簸, 终于到了南极。他们又从 "极光" 号上乘澳大利亚的飞机抵达位于南极威尔斯地海岸的凯西站。这个站原来由美国的一支科考队在1957年建立, 两年后, 澳大利亚接管了凯西站, 但是, 这一站点当年就被大雪掩埋, 只好另建一个新站。新站兴建于1965年, 四年后完成。凯西站具有独特的设计, 它的主要建筑物走向正好与这个区域的主

第三章　冰穹A
Dome—A

风向垂直，并高出地面3米。这种空气动力学形态的房子，能够防止建筑物被积雪封埋，能将飘雪在堆积之前带到房屋的背风面。为了防止火灾，站上200多米长的建筑物被分为13段，一条向风的走廊将它们连接起来，就像一架飞机展开的机翼。它以澳大利亚最后一个总督劳德—凯西的名字命名。

这是秦为稼考察计划的一部分，他当时担任国家海洋局极地考察办公室科技计划管理处副处长。因为凯西站以冰川学考察为主，它开展了许多冰川学项目的考察研究，其中有一个著名的劳冰丘冰川考察项目，得到国际冰川学家们的关注。这一项目以澳大利亚南极考察局首任局长的名字命名。此项目的开展积累了大量冰川学野外考察的设备和资料，中国第一批考察人员

1997年中国首次内陆冰盖考察

董兆乾等科学家曾来过这里，此外，许多冰川学家都在这里从事过考察研究工作，比如说，中国著名冰川学家、中科院院士、曾横穿南极的秦大河就曾经在此越冬。此次，在此工作的澳籍华人科学家李军，将成为第13次内陆科考队唯一的外籍队员。

秦为稼在凯西站仔细参观了澳方的冰川学野外考察设备——雪橇、雪地车、住舱、发电设施……对比之下，感到我们的装备还很简陋。对凯西站的考察，使秦为稼收获很大，作为第13次内陆考察队队长，他内心感到踏实了许多。然后，秦为稼又转道前往澳大利亚的戴维斯站——这个站组建于1957年初。那时的中国，正在酝酿着一场政治风暴，还没有将目光投向这个"世界的尽头"。戴维斯站建在南纬66.8度、东经77.58度的伊丽莎白公主地的威斯特福尔德丘陵地海岸上，距离南极大陆冰架边沿约20公里。这是一片约700平方公里的罕见的具有露岩的绿洲，纵横交错地布满湖泊，被一个个峡湾分割成许多陆地。它是处于南极常年考察站中最南端的一个站，享有最长的日光和夜晚，在夏季的12月和1月，太阳从不会落到地平线下。1990年，秦为稼曾经作为第6次中国科考队越冬队员，几次来到戴维斯站，因而对此非常熟悉。

在这里停留了几天之后，他乘坐澳大利亚飞机到达第13次内陆冰盖考察队的出发点——中国中山站。这里显然具有中国风格，采用了高架式集装箱体结构，室内外的大量装修工作已在国内完成，构建现场只需做接缝处理。其钢底架也是在国内预制，这里只做现场安装，它奠定了中山站房屋建筑的主要类型。办公栋、宿舍栋、气象栋、科研栋和文体娱乐栋都是如此,看上去像一列停靠在这里的火车,充满了实用主义气息。这里的地理位置,对于地球空间环境观测来说得天独厚。地球磁层的极隙区是太阳风直接进入地球高空大气的唯一通道,中山站正好处于极隙区的纬度上,因而,它成为世界上少数几个可以进行午后极光观测的站区之一。高空大气物理学家杨惠根,通过对午后极光的观测数据的分析,发表了自己的研究成果——《午后极光概要分布》。这项研究的成果迄今仍是中国科学家在极光研究领域最重要的收获。

中山站

秦为稼在极地办工作时，就一直致力于推动利用中山站进行南极内陆考察。现在，他作为极地办科技处副处长，终于获得了亲自带队深入南极腹地的机会，他一直处于兴奋和压力交织的状态。那时他们可以利用的只有三台PB240D型雪地车，这些车辆在1994年运抵中山站。秦为稼在中山站一边做着内陆考察的前期准备工作，一边等待着中国"雪龙"号科考船的到来。1996年12月下旬，"雪龙"号来到中山站，汽笛声打破了南极大陆长久的寂静，人类巨大的活力呈现在冰雪旷野上，为这里的荒凉带来了生机和希望。

内陆队的其他6名队员随船到达，他们和秦为稼、王新民在中山站会合。内陆队由8名队员组成。他们是：队长秦为稼，机械师王新民，冰川学家李忠勤、李军、康建成、高新生、汪大立和赵建虎。他们干劲十足，连续奋战，这些平时习惯于在研究室工作的队员，焕发出高昂的劳动热情，每个人都竭尽全力，只用了三四天时间就将内陆考察的物资从"雪龙"号上卸运到距离俄罗斯进步2站不远的出发基地。其中最重要的设备是一个乘员舱和一个小型发电舱。元旦这一天，他们忘掉了这个重要节日，一直在忙于组装两个房子和野外考察的一系列繁杂的准备工作，他们知道，准备工作的充分与否在很大程度上决定着此次行动的成败。

1月18日，这是值得记忆的一天。三辆雪地车拖着雪橇，拉着笨重的设备出发了。雪地车宽阔的履带在南极的积雪中压出深深的印痕，发出吱吱的声响，发动机的轰鸣声响彻冰原，盖过了履带碾压冰雪的声音。南极特有的下降风卷起了风雪，视野在一片迷茫中消失。

内陆队一直沿着澳大利亚考察队开辟的一条路线前进。澳大利亚考察队曾在20世纪60年代对艾默里冰架上游供应冰源的兰伯特冰川进行过考察，他们沿着2000米等高线从戴维斯站行至莫森站，探索出一条考察通道。当秦为稼他们行进到距离中山站70公里处，即兰伯特冰川72点位置时，几个冰川学家由于考察的兴趣点不一，在下一步的行动方向上发生了争执。一位科学家认为，冰川学研究的基本方法就是沿着垂直等高线考察，另一位科学家则认为应该沿着澳大利亚的考察线路一直走下去。由于其中的一位是澳籍科学家，所以，争论的焦点演化为"中澳之争"。

车辆停了下来。秦为稼只好开会研究，让大家充分发表意见。他发现，科学家们还没有弄清楚此次科考的更大目标，只在一些小的目标和方法上纠缠。最后，还是队长秦为稼拍板：中国科学家20世纪80年代中期就提出了大

"雪龙"号与企鹅

断面计划,写入了《南极考察规划(1989—2000年)》中,其中有一条,就是要进行南极内陆考察,"八五"计划后期,在南极内陆方向建立第三个常年科学考察站。他说,我们这次考察是中国人很久以来想实现的一项计划,最终决定往南攀登冰穹A。

方向确定了。向南,一直向南。秦为稼深知此次行动是一个宏大计划的一个组成部分。经过七八天的艰难行进,他们终于要告别澳大利亚的考察线路,向内陆的更深处进发。这意味着,一条新的探索之路即将诞生。秦为稼将这个中国队员到达的地方命名为DT001。D即冰穹A的英文第一个字母,T即断面的英文第一个字母,001则代表中国人深入南极腹地的真正起点。这一点的坐标,落在距离中山站330公里处。

这也是这次内陆考察队的折返点。由于所携带的燃料有限,而且他们出发的时间又比较晚,留给他们的夏季最佳考察时间已经不多,如果不能及时折返,将会遭遇危险。经过13天的时间,考察队终于顺利完成了第一次内陆考察的探路工作,为以后逐步向冰穹A推进奠定了基础。

此后一年,第14次南极考察的内陆队继续向前,由李院生任内陆队队长。因为没有获得更大的突破,此处仅略记概况:

1998年2月,内陆队向冰穹A方向走了整整16天。路上遇到了强风暴,几乎每天什么都看不见,迷雾一片,完全依赖于GPS,雪地车每天行进十多个小时,只能走四五十公里,队员们的脸上都有不同程度的冻伤,看上去伤痕累累。2月10日,气温达到零下40摄氏度以下,海拔高气压低缺氧,雪地车燃烧不充分, 动力下降, 三辆雪地车先后熄火。到了距离中山站约500公里处, 考虑到直升机的最大救援半径为500公里, 为了保证安全, 他们开始折返。

1999, 第三次挺进: 近在咫尺的冰穹A

1998年11月10日, 由李院生带队的第15次南极考察内陆冰盖队, 从停泊在海冰区的 "雪龙" 号转乘小艇抵达中山站, 经过简单的休整、编组、整理装备, 于12月26日从中山站出发。这一次, 他们决心走到更远的地方。十名队员中, 包括四名科研人员、两名冰芯钻工、两名机械师和两名中央电视台记者。他们第一次驾驶国产的雪地车。这些雪地车是中国工程师按照国外雪地车的照片资料生产制造的, 它的性能还需要在南极得到检验。临行前, 队员们准备了很多钢丝绳, 准备在雪地车履带或别的部件发生断裂时, 用于捆绑。在南极特殊的气候条件下, 什么问题都可能发生。三辆雪地车拖着六个雪橇, 每个雪橇大约有20英尺标准集装箱大小, 分别装有考察设备、燃油和食品等共75吨物资。他们同格罗夫山考察队同步行动。从中山站出发之后, 沿途要爬几个山坡, 坐在雪地车里的队员们感到剧烈的颠簸。在俄罗斯进步站附近, 俄国人在沿途设置了简单的路标, 他们竖立了一根一米多长的棍子, 上面挂着黑色的皮鞋, 在白色的雪地里, 显得异常耀眼。车在浅浅的山谷间行驶, 一些棕色的小山被白雪覆盖了一部分, 仍然有一部分裸露出来, 让人看到它的底色。这是南极东南大陆拉斯曼丘陵地带的色彩, 灰暗、清冷、寂静、单调。

　　雪地车的行驶速度大约每小时10公里。对于习惯于在高速公路上驾驶汽车或乘车的队员们来说，感到实在是太慢了。然而，在南极的冰天雪地里，这差不多已经是速度的极限。没有确定的路线，没有气象资料，甚至在雪雾中能见度也极低，视野一片模糊，他们只能依赖GPS导航摸索着前进。到了险象环生的冰裂隙区，裂缝密集，随处可见，一些宽大的冰裂缝，远远看去，就像一条河流，蜿蜒曲折，伸向远方。最可怕的是那些隐蔽的冰裂隙，它们被雪层轻轻地覆盖上，稍一疏忽，就可能掉下去。整个队伍的生命保障

冰洞

完全依靠这几辆雪地车，没有任何后援支持。大约距中山站300公里处，由于低温和道路坎坷，第一辆雪橇的钢梁、滑板、支架都开裂了，国产车的设计看来还是有不少缺陷，队员们面对迷茫的前程，信心都有些动摇了，差不多准备折返了。

整整一天，机械师徐霞兴和崔鹏惠都躺在车底的冰面上忙于焊接。当时，气温在零下30多摄氏度，冰面上席卷着8级以上的风暴，其他队员们用身体和保温材料——泡沫板为他们遮挡风暴。尽管如此，他们在冰面上焊接时，一会儿就觉得要被冻僵了，半小时就需要把人从车底拉出来，回到车厢里待一会儿。事实上，车厢里的温度也在冰点以下，甚至达到零下7摄氏度左右。因为焊机耗电量大，发电机发出的有限电力几乎全部供给电焊机了，车厢里的保暖用电只好停止。车厢里的队员早已烧好热咖啡，等待着冻得浑身发僵的机械师。车辆焊接好之后，他们两个人心里没底，不知道焊接处会不会再次断裂。第二天，雪地车行进了70公里，证明机械师的焊接非常成功，焊接的部分比原来还要坚实。他们昼夜兼程，为了节省时间，每日两餐。就这样，雪地车每小时行进10公里已经非常令人满意了，再加上沿途加油耗用时间，从早上8时起步，到晚上10时扎营，每天吃点儿牛肉干、饼干，喝点儿水。每日行驶12小时以上，但最快也只能推进70公里。

一次，徐霞兴驾驶雪地车，发现前面雪地上有一个黑洞，便停下车来。打开车门，一脚下去就踩空了。他敏捷地向前一爬，幸好没掉到冰缝里。这次遭遇险情，很长时间让他心惊胆战。他赶忙警告后面的车辆，前面的黑洞正是一条被雪层覆盖的冰裂隙偶然露出的真容，上面的积雪只是"伪装"而已。渐渐地，对于冰裂隙有了较多的认识，他们有了判断冰裂隙位置、宽度、走向和密集程度的经验。譬如，肉眼看去，冰裂隙微微隆起的雪层，很像蚯蚓从土里钻过后在表面留下的痕迹。他们小心翼翼，需要尽量选取与冰裂隙垂直相交的路径才能穿越。

驾驶雪地车成功穿越了200多公里的冰裂区后，雪地车与冰面剧烈碰撞，使得雪地车不断出现损坏，几乎天天都要修，甚至一天要修几次，所有的钢丝都用完了。后来他们统计，雪地车和雪橇的大大小小故障，共发生了30起以上。就这样，队员们最终到达了距离中山站直线距离1100公里的地点，雪地车实际行程1250公里，到达南纬79度16分，东经76度59分，已经进入了南极冰盖最高区域。

此时，中国成为1964年以来第一个到达南极最高区域，也是1992年国际横穿南极计划以来，第一个到达东南极超过南纬79°的国家。此处海拔高度3931米，夏季气温零下32至零下37摄氏度。科考队建立了600多公里的冰川学综合研究剖面，完成了冰雷达探测，建立了一系列GPS精确定位点，在不同高程的典型降雪区设立了观测阵。在冰穹A区域钻取了长100米和80米两支冰芯，并沿途进行了气象观测，采集了各类雪样、大气样品以及气溶胶样品等，可以说成果丰硕。

此次考察往返历时50多天。当队员们走到陆地边沿，远远地看到碧蓝的大海、漂流的冰山和裸露的岛屿时，就意味着他们要回到昼夜思念的中山站了。因为，中山站坐落在一个凹地里，被一些小小的裸山遮挡住了。那时，内陆队员们激动万分，禁不住眼泪夺眶而出。徐霞兴对着车载高频电话大声喊道：我们快到家了！看到大海了！

事实上，第15次南极内陆考察的折返点，离冰穹A已经近在咫尺了。他们已经创造了奇迹，成功进入"人类禁区"。这时，冰盖最高点冰穹A完整进入中国人的视野，希望就在眼前——中国南极科考队登上冰盖最高点的条件基本成熟了，接下来，我们只是需要一个合适的时机。

2001, 首次钻冰艾默里

原任中国极地研究中心极地冰川室主任、现任中国极地研究中心副主任的李院生，曾经担任第19次南极科考队中国首次南极艾默里冰架考察队队长，以及第14次、第15次、第21次和第25次南极科考队内陆考察队队长，先后获"五一"劳动奖章、国家科技部授予的"南极九五国家重点科技攻关项目"先进个人，以及中国极地中心授予的先进工作者和十佳考察队员等荣誉称号，荣立国家海洋局二等功。现在，他又一次在第25次南极科考行动中，肩负起内陆考察队队长的重任，完成在冰盖最高点建立中国第三个南极科考站——昆仑站的任务。他不仅是此次计划的起草者、主要组织者之一，也是计划的执行者。这位在内蒙古草原上长大的汉子，从曲折的年代走过，经受了生活和劳动的磨练，恢复高考后考入大学。他的人生经历，赋予他处置各种困难的能力,也赋予他吃苦耐劳的精神。

南极是李院生一生的事业追求,南极既给了他艰难和痛苦,也给了他幸福和快乐。

2001年底,他随中国第19次南极科考队到南极艾默里冰架执行科考任务,通过钻探冰芯,研究普里兹湾特征水团与艾默里冰架的相互作用,这一项目被列为国际自然科学基金重点项目。艾默里冰架是南极的第三大冰架,下切层多,在这一区域钻取的冰芯样品,能够反映冰盖与海洋之间的关系,涉及冰川学与海洋学的许多重要科学命题。

直升机将他们几个队员送到冰架之后就返航了。他们看着直升机旋翼掀起的气流将冰架上的表雪吹起,然后消失在一片迷雾之中。苍茫的、一望无际的艾默里冰架上,只剩下他们几个人。在白茫茫一片几百公里的大冰架上,他们显得那么渺小、孤单、无助。工作枯燥、单调却非常紧张。南极的气候条件在不断地催促他们加快进度,必须赶在规定的时间内撤离营地。队员们迅速在冰雪之上搭建生活和工作帐篷,这不像安装一般的山地帐篷,而是必须加固再加固,否则,帐篷随时可能被风暴卷走。

五顶住宿帐篷和一顶工作帐篷,立在了一望无际的艾默里冰架上。帐篷宽3米,长12米。队员们就像爱斯基摩人一样,住在冰上。搭好帐篷,堆放好设备、物资之后,他们还拍摄了照片。因为每一次风暴过后,雪就会将一切掩埋,队员们必须对照拍摄的照片,才能找到设备和物资,并将它们从厚厚的积雪中挖出来。他们带了两台5000瓦发电机、一套样品箱和干式浅冰芯钻机。由于海上气温较高，蒸发量很大，冰上又很冷，气流交锋，帐篷完全不能保温。白天，帐篷里向阳部分可达摄氏30多摄氏度，晚上气温则骤降到零下十几度甚至20多摄氏度。队员们分为两个小组，每组四个人，一组在白天工作，另一组在晚上工作，以保证24小时连续打钻。由于劳累过度，队员陈超的心脏出现异常，只好休息。过了一段时间，等到领队魏文良从中山站出发，来到冰架考察营地慰问的时候，才将陈超带回中山站治疗。

　　现在，剩下七个人了。他们没有时间进行休整。每一个人都疲惫不堪，每天只有很短的睡眠时间，睡眠严重不足。为了保证钻探用电，队员们只好放弃睡觉时的保暖用电。冰雪的寒冷，从身体下面逐步渗透全身，即使很短的睡眠也会一次次被严寒袭扰，一次次从睡梦中醒来。由于在南极缺乏臭氧层的保护，强烈的紫外线辐射以及夜晚的低温冰冻，使每一个人都受到了不

风中的"家"

同程度的冻伤和灼伤。阳光下，队员们彼此相视，看着对方的大花脸，仿佛画了戏曲脸谱似的。这被灼伤成的"花脸"一般四五个月才能逐渐消退。

近一个月后，他们完成了任务，取出了30多米完整的雪样，它是几十年来气候信息的记录者，对研究全球气候变化具有重要意义。打穿了冰架，雪层以下的冰层厚度达240多米甚至300多米，它说明这些冰来自南极的什么地方，以及它的运动和形变过程，它将涉及南极冰盖流动的一系列秘密。他们还在艾默里冰架上布设了9个观测点，每一个观测点之间的横向距离为80公里，纵向距离为150公里，形成了中国艾默里冰架冰川学观测系统，用以观测冰架的运动状态，以便进一步研究南极冰盖的变化。同时，他们还打穿冰架取出了300多米深的冰芯。这是迄今为止国际南极研究中获取的最完整、质

海冰上钻冰

量最好的一支冰芯,具有极高的科研价值,它意味着将开辟中国南极科学研究的一个新领域。他们还将海洋观测设备放置到冰架之下的海洋里,以探索南极冰架与海洋相互作用的状况,这项工作在学术上也具有重要的价值。一个多月的工作,一个多月的劳累和恶劣气候的煎熬,终于要结束了,从1月15日来到冰架上,安营扎寨、安装设备,到2月10日停钻,似乎一切都顺利。他们开始收拾行囊,准备撤离了。

撤离的过程真有点儿惊心动魄。队员们刚刚将帐篷收起,设备拆卸,等待着飞机到来,冰架上老天变脸,坏天气来了。

由于海上的气温较高,蒸发的水汽在洋面上升腾而起,就像水被煮沸了一样,大雾弥漫在冰架上,能见度很低。同时,冰架上的冷空气与海上的热气交织,风暴也紧随而至。在这样的气候条件下,飞机来不了了! 他们七个人站在冰上,不知该怎么办,绝望的情绪开始蔓延。帐篷拆了,他们失去了一切遮挡,完全暴露在风暴中。风力很快达到了每秒18米以上,相当于7级以上的暴风。风暴卷起的雪粒,疯狂地扑来,他们只好互相挤在一起,抵御南极肆虐的风雪严寒。

如果飞机再不来,晚上真不知怎样才能挺过去。此时,生与死的界限就在面前。

坐镇指挥的领队魏文良非常着急,他和飞行员不断地观测分析,但是,气候条件一直无法满足。魏文良知道,冰架上的队员们正经受着难以想象的困难,如果不能将他们接回中山站,将会面临极其危险的后果。不能再等

113

了，即使冒险也要起飞! 他口气强硬地对飞行员说，你要不能飞，我就求助于澳大利亚了。当然，这是一个激将法。老魏心里明白，这样的气候条件，我们不敢飞，澳大利亚考察站的飞机也未必敢飞。结果，整装待发的飞行员一声不吭地向飞机走去。

直升机的旋翼飞快地旋转起来，在风雪中划开了一个旋涡，缓慢地、费力地升起，仿佛头顶有着巨大的压力，机身剧烈地颤抖着，歪歪扭扭地挣扎着向上，最后只能在距离地面不到20米的空中前行。气流不断地颠簸着，直升机就像要贴着地面一样。老魏看着飞机摇摇晃晃地向远处飞去，消失在风雪中，心里万般抓挠——虽然逼着飞行员起飞了，是福是祸，还是难以预料的。

从中山站到艾默里冰架的工作营地，大约180公里。经过很长时间的艰难飞行，飞行员在一片苍茫的冰架上找到了被风雪困住的队员们。隐隐约约听到直升机的轰鸣声时，队员们感到了希望，但心里也不敢确定。飞机像地面上的摩托车似的，飞得太低了，与其说是降落下来，不如说是在他们的面前停下来。他们好像突然被惊醒了，欢呼着，泪流满面。

虽然这次考察没有安排冲击冰穹A的任务，但是登顶冰盖最高点的计划没有中止，国家海洋局在紧锣密鼓的筹划着，一定要万无一失……

2005，登顶冰穹A

起　航

2004年10月25日8时30分，起航仪式在上海民生码头举行，领队张占海从国家海洋局副局长陈连增手中接过第21次科考队队旗，中国南极科考队整装待发。这是中国南极考察20年以来规模最大的一次，来自全国各地的27个部门的137人组成了科考队，他们将开展27项科考任务，以及完成24项后勤保障工作。其中，考察队将围绕国务院批准的"中国极地考察'十五'能力建设"和"开展建设第三个南极考察站前期调研工作"项目，开展站区改造工程的调研和准备，并实施内陆冰盖考察；完成两站物资补给、维修、环境整治和越冬人员更换；开展首次普里兹湾—威德尔海往返8000多海里的海洋断面综合调查等科考工作。

他们知道，这次考察任务中最重要的，就是要完成登顶冰穹A的使命，这被称为"不可接近之极"的世界，至今无人登临。

就像历次南极科考一样，"雪龙"号按照预先的路线行进。10月29日10

时，"雪龙"号抵达香港海运大厦码头，香港政府以及各界人士已经在此等候。停靠期间，差不多每天有6000多名香港市民上船参观，市民们除了在船上合影留念外，还兴致勃勃地观看了考察队员举办的，以"弘扬科学精神，增强爱国之心"为主题的"中国南极考察20年成果展"和南极考察邮品展。由于"雪龙"号的参观票数量有限，许多香港市民只能在紧邻海运码头的尖沙咀隔海观望、留影。此时的科考队员们如明星一般，处于闪光灯和人群的包围中。

穿越西风带

离开香港，"雪龙"号驶向浩瀚的太平洋，然后越过印度洋，在澳大利亚弗里曼特尔港短暂休整和补充给养之后，11月15日21时30分起锚，向位于东南极的中山站进发。他们很快就将进入凶险的西风带。宽阔的南大洋没有陆地阻隔，洋面上形成气旋之后，不断得到能量补充，所有途经这里的轮船必须经过飓风和大海涌浪的考验。当天夜间，"雪龙"号便遭遇到南半球西风带气旋。

南半球西风带气旋，是威胁南极考察航行安全的重要天气系统之一。巨大的海浪拍打着船舷，考察船在巨浪中起伏颠簸，在汪洋大海之中，2万吨级的破冰船像是一叶扁舟，任凭巨浪摇撼。船上大部分队员出现了晕船和呕吐现象，临时党委组织慰问小组，带上晕船药品等看望船员和队员。即使在这样危险的情况下，大洋考察队仍然抓住有利时机，在南纬55度35分展开观测调查，创造了我国南极考察20年来首次在西风带停船调查的历史记录。"雪龙"号在西风带与狂风巨浪进行了顽强搏斗，整整八天八夜，先后遭受到五个气旋的袭击，通过了风力11级以上、涌浪6米左右的大风浪区，"雪龙"号的摇摆幅度达到30度以上。船长袁绍宏一直密切注视天气情况，寻找有利时机南下，几乎三天三夜没有合眼。11月21日23日18时，"雪龙"号突出重围，越过西风带进入浮冰区。

第21次登顶之队

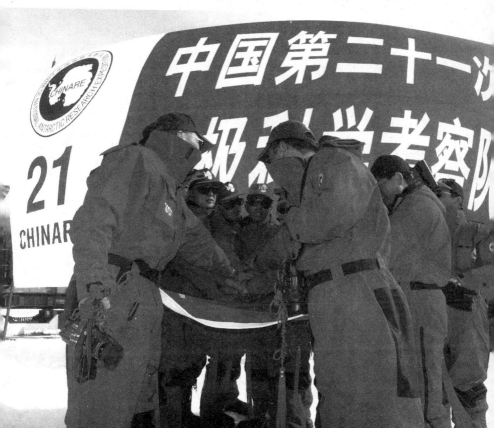

这里风平浪静。远处的一座座冰山，晶莹透亮，闪着蓝幽幽的光，仿佛一座座水晶岛屿。这是一个童话世界。成群的南极鸟类信天翁、风暴海燕在"雪龙"号上空盘旋。11月15日，"雪龙"号到达中山站海区外围，站在甲板上放眼四望，接连不断的浮冰壅塞了整个海面，几乎看不到海水。密集的乱冰堆积区和隆起的冰坝，对地平线上徘徊的太阳的反光，形成各种不同的图案，映入队员们的视野。

　　这里最厚的海冰有3米以上，"雪龙"号开始拼尽全力，吼叫着，一次次倒车、向前冲击，艰难地前行。连续48小时的破冰之旅，直至浮冰的厚度超过"雪龙"号的破冰极限。渐渐的，破冰停止了，"雪龙"号停在了距离中山站22.8海里的冰区。此时是11月27日21时30分，已经离开祖国一个月零两天了。临时党委紧急研究冰上卸运物资方案。一片乱冰中，雪地车无法实施运送，但他们必须抓紧时间，否则可能错过考察队出发的最佳时机——南极夏季的最佳气候极其短暂，不能延误。考察队立即派出队员，开始了艰难的冰上探路。他们用镐头、斧头砍砸，检测浮冰的硬度。每一镐头、每一斧头下去，都震得手臂发麻。差不多12小时的连续探路作业，终于在乱冰区辟出长达18公里的通道。他们在冰隙上搭建了临时浮桥，四辆雪地车连成一路开始卸运物资。大家紧张地劳作，每一个人在极其寒冷的南极冰区，干得大汗淋漓，嘴巴、鼻孔呼出的热气很快凝结成霜，队员们的胡子、眉毛都变成了白色，跟圣诞老人似的。

第三章　冰穹A
Dome—A

挺进冰穹A

内陆考察队开始了精心的准备工作。他们的内陆集结出发基地设在俄罗斯进步站附近，地处南极大陆冰盖边缘。此处的冰盖，平均厚度有2000米，最大厚度为4800米。这里几乎是一片纯白，天地之间难以寻找到明确的界限，偶然看到棕色小山头淡淡的轮廓，露出了一点点南极大陆被掩盖的真面目。有经验的队员知道，这是南极的一般气候状态，有点儿近似于其他大陆的白化天气，能见度很差。他们下车后，一走路就发现地表的平坦是个假象，既会踩空也会被小雪隆绊倒，因为白色欺骗了眼睛。他们摘下墨镜，以为能够看得清楚一些，实际上根本就无济于事，因为视野中缺少明暗对比和参照物，很难对物体的远近高低作出判断。

任何未知领域都包含着探索和冒险两种因素，科学考察者首先要不惧怕冒险。

堆放在出发基地的120吨物资、设备和油料，需要整理、分类并装运到雪橇上，雪地车的编组方案需要落实，内陆考察队处于出发前最紧张的准备期。此时，内陆考察队队长李院生却突然病倒了，紧张的现场指挥工作就落到了临时党支部书记孙波身上。准备工作在他的指挥下有条不紊地按时完成了，内陆考察队长途奔走终于条件成熟。

119

冰 山

出 发

12月7日15时，内陆考察队出发了。他们一行13人分乘3辆雪地车，后面的雪橇上装载着航空煤油、食品、仪器设备、居住舱、发电舱以及一个临时观测站集装箱等生活与科考设备，包括车载冰雷达系统、自动气象站、通讯导航设备GPS系统、冰芯钻机系统……踏上了冲击冰穹A的艰难行程。

风卷大雪，雪雾弥漫，道路艰难。前面开路的雪地车是徐霞兴驾驶的。

雪地车在风雪中艰难前行

第三章 冰穹A
Dome—A

徐霞兴是队员们中年龄最大的，他在1979年从黑龙江襄河种马场返沪后，就一直从事机械设备维修和管理工作。调入中国极地研究中心担任机械师后，一直被称为"最具经验的机械专家"，是这次内陆冰盖队的首席机械师。他多次参加南极考察，尤其是内陆考察的经验丰富。

由于天气原因，加上雪地太软，雪地车行进的速度很慢。在软雪带，积雪有十几厘米厚，踩上去就会没及脚面，人走路会非常吃力。队员们这时才明白为什么企鹅总是排队走路。因为列队而行，前面的企鹅将松软的雪地压实，后面的走起来就会轻松多了。

开始还比较顺利，道路也相对熟悉。几次向冰穹A的探索式挺进，已经为此次考察积累了丰富的经验和相关的气象资料。领队张占海带领十名队员，乘直升机到距离中山站110公里处，慰问了已经疲惫不堪的内陆队队员。他们紧紧拥抱，队员们激动地流下了热泪。

直升机飞走了，他们一直看着飞机越出了视线。孤单、疲劳、即将遇到的危险和困难，又重新包围了他们。

机械师崔鹏惠主动要求驾驶条件最差的170雪地车，车内温度时常在零下20摄氏度以下，他的手和脚都被严重冻伤。车辆有几次发生故障，他顶着冰上零下40摄氏度的严寒，与徐霞兴一起躺在车下连续工作两个多小时，队员们帮不了别的忙，只能用身体为他们挡住寒风。机械师是内陆考察队最重要的成员，内陆考察成功的一个重要条件是保证车辆的安全运行，这主要是机械师的责任。崔鹏惠从第15次考察队开始，参加了冰穹A登顶、昆仑站选址、昆仑站建成等所有重要的内陆考察行动中车队的机械保障工作,在我国内陆考察工作中功勋卓著。

路途的艰险难以想象。前550公里,几乎到处布满了深不见底的冰裂隙,加之大风吹雪的恶劣天气、温度低于零下30摄氏度的严寒……尤其是穿越冰隙区的时候,几乎每行进一步,都可能是一个人的最后一步。深达千米以上的冰裂缝,一掉下去,就不可能有生还的机会。雪地车小心翼翼地从一个个较小的裂缝上驶过去,遇到大的裂缝,就要绕道行驶。而且,他们还要在沿途开展各种科考工作。

随着与冰穹A的一点点接近,海拔也不断升高,高原反应越来越强烈。

行进了27天之后，海拔上升到4033米时，机械师盖军衔突然血压降低，脸色苍白，浑身冷汗淋漓。尽管他想坚持登顶，但是，随队的童医生初步诊断为心脏病前兆，如果执意坚持登顶，会有生命危险，需要立即寻求救助，转移到海拔较低的地方治疗。此时，车队已经行进到距离冰穹A48公里处了。内陆队请示领队之后，决定让盖军衔返回。他们不得不求助于1000多公里之外美国人设立的斯科特—阿蒙森站，因为只有他们具有在冰穹A区域的救援能力。中山站总部立即和美方联系，美方很快准备前往救援。

　　路程遥远，气候恶劣，空中飞行时间较长，飞机携带的燃油不够。美方提出，需中方提供气象资料和相同牌号的飞机返程燃油。在核对了燃油的型号

雪地车拉着装备驶向冰穹A

125

之后，美方通知中国内陆队，飞机已经起飞，将在三个小时后到达。

徐霞兴和队友们将一面五星红旗插在冰原上，给即将到来的飞机指示风向，提供地面降落的标志。三个多小时之后，美国飞机降落在中国科考队的临时营地。美国人看到我们的十几个队员，仅仅三台雪地车，惊异地说，想不到你们用这样简陋的装备，能够来到这个地方！

飞机将盖军衔接走了，他将乘飞机先到达斯科特—阿蒙森站，然后转机飞往罗斯冰架上的美国麦克默多站，最后再转机飞往新西兰南岛克莱斯特彻奇就医。

成功登顶

中国科考队继续前行，第一次跨越了南纬80度线，再有一天的路程就可以到达冰穹A了。这将是人类飞跃性的一步。孙波在舱里注视着冰雷达的屏幕，冰雷达显示出这里的冰厚已经达到3000米以上，这一数字颠覆了人们此前的推测，以前科学家们曾对这里的冰层作出估算，认为只有1500米左右的厚度。而且，这里冰层的水平分布情况非常理想，是钻取冰芯的极佳场所。它将像一部厚厚的地球日记，告诉我们从前发生的事情。作为一个冰川学家，孙波的心情异常激动，随着一步步接近冰穹A，他已经克制不住自己，热泪不断溢出眼眶。

中国南极科考队实现了人类首次从地面进入冰穹A，并开展系统科学考

126

第三章　冰穹A
Dome—A

察活动的目的。鲜艳的五星红旗高高飘扬在南极冰盖之巅。最终登顶的12名考察队员感到无比的自豪和骄傲。当他们历尽艰辛登上冰穹A之后，发现这里是一个30公里宽60公里长的一个广阔平台，他们在这一平台上终于登上了整个南极大陆的最高点。

这是一个历史性的日子：2005年1月9日。

中国科考队员们异常激动，他们将13个空油桶立起来，把每一个队员的名字写在油桶的背风面，包括未能完成最后登顶的队友盖军衔的名字，也写在了冰穹A上。这一天正好是中央电视台记者李亚玮入党预备期满的日子。五个党员组成临时支部，在南极的最高点上插了一面党旗，李亚玮在这里庄严宣誓，正式加入中国共产党。

成功登顶

晚上，队员们决定改善伙食，做羊肉汤炖萝卜补充营养。实际上，队员们连日来的疲劳以及冰穹A的恶劣条件，已经使他们很难吃得下东西。在这里，喝水都要喘气，吃饭嚼一会儿就得停下来，然后才能继续，走路就更加困难了。此后的13天里，考察队在冰穹A地区开展了冰川学、气象学、气候学、测绘学等多学科考察与研究，并在1月18日凌晨3时15分，测定冰穹A最高点的位置和高度：南纬80度22分00秒，东经77度21分11秒，海拔4093米。

发现大山脉

2004年，中国极地研究中心海洋学研究室主任、研究员孙波博士，还在英国西南部的布里斯托大学这个古老学府的冰川研究中心，和国际著名冰川学家马丁·斯格特教授一起，合作研究南极冰盖地球物理方面的课题。

3月的一天，他接到了中国极地研究中心主任张占海的电话——现在正在组建中国第21次南极科考队，这一次南极考察的重要任务之一，就是登顶冰穹A，为了更好地完成考察任务，需要更多的一线科学家。孙波一听，心里激动不已，他知道，这是多少冰川学家的梦想，必须抓住这个千载难逢的机会。很快他的要求获得了批准。孙波草草整理行囊，踏上归国之路。

孙波对南极并不陌生。他曾经在中国科学院旱寒研究所工作达8年之久，于1996年调入中国极地研究中心从事冰川学研究。他曾参加了1998年初考察队的第二次内陆冰盖考察。就在那次，他被广袤的冰盖震撼了——这才

128

是一个冰川学家梦寐以求的圣洁天堂,仿佛到这里才能够真正解开自然、人类问题,以及学术、思想问题的谜团。

随第21次考察队孙波再一次踏上了心驰神往的冰盖。此次考察队的13名队员中,有7名是共产党员,考察队首次在内陆冰盖考察队设立党支部,孙波任党支部书记。冷漠、狡黠、变化多端的南极却有意捉弄这个痴心人。一次,他驾驶着雪地摩托车在冰盖上疾驶,看到前面冰面上有一点儿消融的迹象,浅浅的透了亮光。按照以往的经验判断,这没有什么了不起,他想一用力就能冲过去。于是加大油门,雪地摩托车猛地向前一冲。南极的冰盖给了他一个深刻的教训——他一下子掉入了两三米深的冰盖表面融池。寒冷的冰水瞬间浸透了全身每个毛孔……幸亏几个考察队员及时赶到,用绳子把他拉了上来。

在南极的每一个判断都应该谨慎,你不能用傲慢的、漫不经心的态度轻视它。

另一次,队员们在考察途中遇到暴风雪,看不清楚前方,只好停下车来。可是一下车孙波才知道,风暴几乎能够将整个人吹起来。……事实上,一般人认识的暴风雪和南极的暴风雪完全不是一个概念。队员们赶紧退回雪地车里,风暴狂吹着大雪,很快在雪地车履带周围堆起了雪坝,雪坝越隆越高,不仅淹没了履带,几小时后,甚至超过了风挡窗。如果再等下去,整个车队都可能被雪掩埋。他们只好突围,行进几个小时后,暴风雪才渐渐平息下来。

在孙波亲历登顶的过程里,不仅经受了气候的考验,更重要的是在搜集现场资料上做了大量卓有成效的工作。他利用车载雷达,在冰穹A900平方公里范围内对冰层厚度进行了有效探测，成功获得了冰厚分布和冰下地形的三维数据。2009年6月4日，国际权威杂志Nature发表了由孙波领衔团队的研究成果《甘布尔采夫山脉与南极冰盖的起源及早期演化》，这是中国南极科考近年来的重要突破和收获。这一论文揭示了南极冰盖起源与早期扩张过程和气候历史情景的奥秘。对冰雷达探测数据的解析发现，冰穹A区域冰层厚度在1649—3135米之间，冰层下的甘布尔采夫山脉记录着不同地质年代在相应主要外营力作用下形成的神奇地貌——早期流水作用形成的溪谷河床群构

登顶勇士

成的树枝状地貌，之后经冰川作用叠加出冰斗状、刃脊状等地貌特征；继而在强烈冰川侵蚀作用下产生巨大U形主干谷地貌，谷底与谷肩的垂直落差高达432米。研究发现冰下地形所呈现出的高山纵横交错的壮观景象，与包括冰穹C在内的南极冰盖其他区域较为平缓的冰下地形有着显著差异。

　　研究结果显示，南极冰下甘布尔采夫山脉曾经存在发育完善的河流水系，距今3400万年前开始出现冰川，伴随地球轨道周期变化气候变冷，冰川覆盖区域渐次扩张，这里成为南极冰盖的一个关键起源地；超大规模U形山谷表明，1400—3400万年间，该山脉经历了冰川运动强烈侵蚀作用；冰川动力模式计算表明，当时东南极中心区域夏季温度至少不低于3摄氏度，才能呈现如此强烈的冰川作用的地貌特征。自1400万年以来，因冰盖规模快速扩张，山脉被冰层完全覆盖封存，冰下地貌特征得以保存至今。

　　冰穹A区域冰盖下覆盖着的甘布尔采夫山脉，其规模差不多相当于欧洲的阿尔卑斯山脉。大约50年前，苏联的一支科考队从前苏联青年站出发，在穿越冰穹A地区时，用地震的方法发现了这一山脉，因此，甘布尔采夫山脉的命名就是来自于苏联的这位地球物理学家的名字。孙波研究团队论文的发表，在学术界引发强烈反响，它证明了在遥远的地质年代，在我们现在居住的地球上，几乎同时期发生了两件重要事件：一个是青藏高原的崛起，另一个是相对应方向上的南极巨厚冰层的生成。

2008，准备建站

第25次科考

杨惠根，1965年出生，1986年毕业于武汉大学空间物理系，1992年获理学博士学位。现任中国极地研究中心主任、研究员，长期从事极区高空大气物理学研究，曾在1992年11月—1994年3月作为交换学者参加日本南极考察队，在日本南极昭和基地越冬进行了极光观测，先后在日本京都大学和国立极地研究所开展极光物理国际合作研究，筹建了我国南极中山站和北极黄河站极光观测项目，主持国家科技部和自然科学基金青年、国际合作及重点研究项目多项，在《大气与日地物理》等国内外杂志上发表论文40余篇，获国家海洋创新成果奖一等奖一项、二等奖两项和上海市科技进步奖二等奖两项，获全国优秀科技工作者和优秀留学回国人员荣誉称号。曾在2004—2005年任中国北极黄河站首任站长，2005年11月至2006年3月担任中国第22次南极考察队副领队兼首席科学家。

2008年10月12日，他刚刚被任命为中国极地研究中心主任，上任后第三天就向极地研究中心党委书记移交了工作。回想起两个月前,国家海洋局副局长陈连增询问第25次南极科考队领队人选的问题时,杨惠根主动请缨,说:"可以担任此次领队的人选有几个人。我明确表个态,我想去。我有充分的信心和坚定的决心,除非天意不允,保证把站建成。具体派谁由您定,我都服从。"实际上,杨惠根已经有足够的心理准备和充足的理由,因为他是冰穹A建站领导小组副组长,他所任职的中国极地研究中心是此次建站的责任单位,自己又是这一项目的负责人。他还是这次南极科考任务中另一项任务——极地考察"十五"能力建设项目的负责人和国际极地年PANDA计划的首席科学家。他不仅参与了这些任务计划的一系列决策,还对如何做好充

杨惠根在南极昆仑站开站仪式上讲话

分的准备工作非常熟谙,他曾在第22次科考队赴南极时担任过要职。这次承担冰穹A建站的准备工作,可以说杨惠根就是最佳人选。

2008年7月底至8月初,杨惠根前往西藏拉萨和纳木措湖检验了自己的身体状况,开始了适应性练习。

中国第25次南极科考队出发了。在为期12年的《中国南极考察规划》中,在南极建立内陆站的设想,就要实现了。此前,第24次科考队已经完成了在冰穹A的建站选址工作,站址的最后确定,综合了南极科考多种学科的需求。这次建站,距离第一次登上冰穹A又过去了四年时间。"雪龙"号已经进行了全面维修,新增实验室面积300平方米,并实现机舱无人化、科考数据实时传输、互联网接入居住舱等目标。这艘屡建功勋的破冰船,无论是自动化水平,还是队员的居住条件,都得到了提升。在总体功能和格局布置上作了一定调整,将部分货舱区改造为科考实验室,新增了4层科考客货两用电梯和6层载人电梯,部分恢复直升机起降技术保障系统,更换了公共舱室、居住舱室的内装材料和舱室的家具设备,新增了淡水舱。并且,消除了主推动系统的隐患,完善了机桨匹配,提高了操纵性,更新了机舱油污水和生活污水处理系统,满足了《1973年国际防止船舶造成污染公约》的航船规范……改造后的"雪龙"号,拥有74间房间,能够容纳120名考察队员居住。其上层建筑具有流线型特点,减轻航行阻力,效果美观时尚。船体由原来的褐色—黑色—白色三色基调,改为橘红—淡红基调,符合南极考察特殊环境下醒目、耀眼的要求,加入了国际南极科考船舶流行色彩的主旋律。

雪地车

船体安全航行的能力大幅提升：光纤罗盘、电子海图、自动舵、避碰雷达、GPS定位系统、CCTV监视系统、测深仪等，一系列设备得以更新，达到国际一流的装备水平。总之，改造后的"雪龙"号，容颜变化，精神焕发，内部设有健身房、篮球场、游泳池、酒吧……让考察队员们在浩瀚的大海中享受陆地上的生活。简直是一座流动的现代化海上城市。

此次南极考察的规模空前巨大，第25次队人数多达204人，其中船员40人。队员中的31人搭乘飞机前往中山站，其中有6名韩国机组成员，1名比利时记者。

昆仑站由清华大学建筑设计院设计，主色调采用中国红，整体融汇了中国国旗的元素，它从任何角度都可以象征中国，并与南极白色的冰雪基调形成强烈对比。宝钢接到合作项目后，组织了几十个部门、投入了几百个工程技术人员，通力协作，对符合南极条件的建筑材料进行了研究试制并获通过。

建筑钢材必须具有耐低温、耐老化、防紫外线的性能,整个建筑必须便于运输和组装,整体材料组装后还得能够反映建站的外形效果。

负责冰穹A建立昆仑站的13名施工队员,都是第一次前往南极,显得十分好奇而兴奋。

宝钢金属轻型房屋有限公司总经理带领施工队前往南极冰穹A具体施工。他们中间的9名队员曾经有过几年的高原施工经验,曾经在海拔4800—5000米的西藏中巴地区建设了行政中心、卫生院等建筑群。宝钢技术部门对所有的可能做了预案,以保证现场施工万无一失。由于在南极条件下,只有不到30天的施工期,他们还将全部建筑物资和设备用直升机调运到集结地,预先进行了几次科考站建筑组装演练。上海的大夏天里,他们对施工的每一个细节做了操作、核实。13名队员在"雪龙"号上摩拳擦掌,盼望着尽早登上神秘的南极最高点,进入施工作业。

"雪龙"号轮机部为保证第25次南极考察的顺利完成,10月24日晚全部船员都剃了光头,以此为誓,决心全力以赴保证全船机器设备的正常运行。作为"雪龙"号的"心脏"部门,轮机部不能有任何差错。轮机长赵勇,留着一头飘逸的长发,这次同样剃头宣誓。船上生活单调、枯燥,队员一个个的秃脑壳,就成了大家互相取乐的题材。据说,这是在第18次南极考察队风行起来的,那时全体考察队员剃了光头,到现在已经成为传统。

"雪龙"号船长王建忠,20世纪80年代末毕业于大连海事大学,从1996年起,他随"雪龙"号考察船参与中国第13次南极考察,此后陆续参与南极考察工作十几次。1999年，他参加中国首次北极科学考察；2003年，参加中国第2次北极科学考察，曾经担任"雪龙"号二副、大副、见习船长等职务，海上航行经验丰富。他从经历无数风浪的一个航海者的角度，看到了南北两极和全球气候之间的联系，感到了 研究南北极气候的重要性。这几年，他明显地看到，北极的冰层越来越少，南极的开阔区也越来越大，浮冰很多，但是一到夏季，冰区就基本融化了，这说明全球气温在不断升高。他还认为，北极冰区的融化，会自动打开北极区黄金水道，北冰洋运输成本很低，对于亚洲东方国家来说，比穿越马六甲海峡和巴拿马运河两条航线将节约三分之一海运成本。这样，拥有资源的北方将获利，可能会影响全球的工业分布。

剃头为誓

2008年7月16日，王建忠开始执行担任船长后的第一次任务——中国科学考察队赴北极考察。当时，"雪龙"号刚刚维修改造完毕，面貌焕然一新。这次到北极，考察队主要依托"雪龙"号破冰船，进行生态、海冰结构与变化以及海冰气相互作用等国家关注的科研工作。"雪龙"号在北极区没有固定的停靠地点，主要科研区域在楚科奇海、白令海、加拿大海盆、北极点附近。在白令海一带，他们进入了阿留申群岛雾区——这是世界上最大的雾区之一，风浪也比较大，"雪龙"号航行必须克服重重困难。进入北冰洋后，三分之一时间都航行于雾区，北冰洋的冰层虽然退缩了，但是，越靠近北极点，冰层就越厚，在迷雾中什么都看不见，再加之强大的极地气旋——可达15级以上的强风暴，航船风险极大。这需要船舶的性能良好，各种配置运行正常，操作人员判断正确、指挥果断、操作准确无误，才能做到万无一失。比如

王建忠

风浪里主机骤停、舱内货物没有绑好重心偏移等等，都可能给船舶带来毁灭性后果。

刚刚从北极回来，又要紧锣密鼓地赶赴南极，他还没有从疲劳中恢复过来。以前王建忠在二副、大副、见习船长岗位的时候，只是扮演一个执行者的角色。当了船长之后，就要负责全面工作，很多事情必须由船长作出决定。而且，他的每一个决定，都必须考虑、分析各种各样的外部条件，假如出现了误差，将直接影响到船舶的安全，甚至会引发灾难性后果。况且，"雪龙"号代表着国家和政府，全国人民都高度关注，只要出现一点小的差错，都会在国际国内产生巨大影响。这是作为一个船长和一般部门长的区别。在"雪龙"船行驶过程中遇到问题，他要深思熟虑之后才提出应对方案。

"南极大学"

2008年10月20日，上海外高桥码头上，"雪龙"号极地科考船再度起航。鲜花和掌声渐渐远去，此次赴南极科考的领队杨惠根望着前方开阔、一片苍茫的水面，陷入深深的思绪中……

他望着渐渐远离的祖国，越来越感到肩头责任的沉重。在南极最高点冰穹A建立科考站是一项十分艰巨的任务，能否完成建站任务，既是对他以及他的团队一个重大的考验，也还要看他们能否得到老天的保佑。作为完成这次任务的最高决策者，现场决断的能力毋庸置疑，只看运气了。

杨惠根虽然对在冰穹A建站的难度有着充分的估计，但许多危险是难以预料的。来自60多个不同单位的年轻人组成的队伍，充满活力也缺乏经验，支持建站的技术系统复杂，所需时间又长，问题随时随地都会产生。对于一个领队来说，这次任务可谓是史无前例的巨大挑战。

岸上，欢送的人群当中有个人，他正是国家海洋局陈连增副局长。作为冰穹A建站的主要决策者，他深知此行的重大意义。中国几代极地科学家的梦想，汇聚于此。记得不久前的一次学术会议上，陈连增作了题为《中国极地考察回顾与展望》的报告，到了专家自由提问时，有一个人发问："陈局长，你们在南极再次建站是不是出于政治考虑？"这句话的弦外之音，人们都听出来了，就是在最高点建立科考站从科学上缺乏意义和价值。陈连增回答："它不仅是政治需要，更重要的，他是中国科学家多年的愿望！"台下回应的是经久不息的一片掌声。

2007年3月1日，50年一次的2007—2008国际极地年活动（IPY）在巴黎举行全球启动仪式。同一时间，时任中国国务院副总理的曾培炎代表中国政府在北京宣布，国际极地年中国行动计划正式启动，标志着PANDA计划进入实施阶段。

中国第25次南极考察是国际极地年中国行动计划的重要组成部分，是我国"十一五"极地考察承担的一项国家重大科学考察计划。PANDA计划的现场考察工作，包括在南极普里兹湾和艾默里冰架外缘开展大洋调查、海冰观测、海洋化学和生物性调查，在南极中山站及周边地区开展大气探空

冰山与飞鸟

气球施放、大气化学采样、空间物理学观测以及达尔克冰川调查，在中山站冰穹A断面开展冰川学、地球物理学调查和观测设备布放，以及在冰穹A地区开展雪冰、天文学、测绘学和大气物理观测。其中在南极冰穹A建立考察站，是此次任务的重中之重。

　　陈连增副局长对南极科考的整个进程了如指掌，对此次考察和南极建立第三个科考站胸有成竹。南极已经告别了探险时代，代之以科考时代。因而，在南极科考必须远离冒险主义，建立在科学原则上。中国在南极的科考事业正是这样一步步向前推进的。中国最先在西南极建立了长城站，然后在相对应的东南极建立了中山站，循序渐进，步步为营，现在，以中山站为大本营，终于可以问鼎冰穹A了。在此之前，他以谨慎的科学态度，设计了试探性前进的策略——即每一次都向前推进一步，逐步向南极内陆纵深挺进，直到最终登顶冰穹A。这种试探性前进的策略脚步坚实、不断取得进展，它使我们不断了解南极内陆的地表状况，取得丰富的气象资料，并积累经验为最终登顶建站奠定了基础。

前往南极的航线有两条，一是通往长城站的，另一条通往中山站。中国第25次南极科考海路，将通向中山站。对于王建忠船长来说，这条路线太熟悉了。

中山站岸边冰景

授课内容

课时	时间	内容	主讲人
第一讲	10月25日	开幕式；安全事例	秦为稼
第二讲	10月27日	航海知识	王建忠
		医学知识	火卫罗布
第三讲	10月29日	摄影技巧	秦为稼
		新闻摘要	刘奕湛
第四讲	10月31日	极地科学前沿	杨惠根
		昆仑站建站介绍	糜文明
第五讲	11月2日	南极飞行	齐焕清
		测绘知识1	王连仲
第六讲	11月4日	大洋调查	矫玉田、薛斌
		航海气象	张海影

10月22日凌晨，"雪龙"号到达韩国济州岛锚地，租用的韩国Ka—32直升机降落在船上，完成了进库绑扎工作。为了保证南极现场作业时间充裕，"雪龙"号提前26小时起锚，目标是澳大利亚弗里曼特尔港。

　　几天后，他们进入印度尼西亚海域。这里是海盗出没的地方，"雪龙"号上组织了防备海盗的工作。在赤道附近，南北纬10度左右的无风带，大海变得温顺起来，它波澜不兴，安宁平静，暴虐的鬃毛收拢了，大海沉睡了。

　　"雪龙"号上，"南极大学"正在讲课。10月25日，第25次南极科考队在船上举办了"南极大学"的开学典礼，来自不同专业的科考队员被聘任为大学教授，杨惠根担任校长，秦为稼担任副校长。开学当天，秦为稼开讲第一堂课，秦为稼通过具体事例讲述了以往考察期间发生的安全问题，并穿插了生动的图片和视频介绍。

　　"南极大学"创办于中国第18次南极科考期间，第一任校长是当时的领队魏文良。他的第一堂课的题目是《中国人为什么去南极》。以后每一次科考队都举办"南极大学"，形成了传统。由不同专业的科研人员轮流讲课，让科学家扩大视野，了解本专业之外的知识和学术前沿课题。每一个科研人员既是学员也是教师，每节课的内容差别很大，涉及测绘、海洋、冰川、全球环境变化等多种学科，此次还增加了南极飞行驾驶讲座。这里的课程始终轻松愉快，没有考试的压力。每期"南极大学"都有正式的毕业典礼，由校长颁发毕业证书。

　　"雪龙"号经苏禄海、苏拉维希海，穿越望加锡海峡，从东经119度20分穿越赤道，进入印度洋。大洋考察队按计划开展了海洋化学、物理海洋学、海洋生物学和环境等项目的走航观测，进行了浮游生物、表层叶绿素、颗粒物样品、气溶胶、固氮水样以及氧化亚氮等大气及海水样品等的采集工作，开展了海——气界面二氧化碳等的连续走航观测。然后在澳大利亚弗里曼特尔港补给淡水、食品、蔬菜和物资，西风带已经临近。北京时间11月7日10时，"雪龙"号离港，开始穿越西风带。船长王建忠分析了西风带的气象和海浪预报资料，根据气旋的发展动向，及时调整航线，规避不利气候条件。尽管如此，西风带的风暴和巨大的涌浪依然用强力撞击着船体，"雪龙"号开足马力，抵御着气旋的袭击。

现在，"雪龙"号的性能、动力都比以前的"极地"号优越、强大，但是，西风带仍然对船只具有极大的威胁，不可掉以轻心。

随着南极科学考察的逐步深入，以及中国南极考察大国地位的形成，仅仅利用设立于南极边缘的长城站和中山站进行科考已经远远不够，中国必须在南极内陆有更大的作为。中国科学家在南极内陆设立科考站的愿望越来越强烈。更重要的是，中国的经济发展一日千里，综合国力不断提升，选择在具有重要科考价值的南极制高点——冰穹A建立第三个南极科考站的时机已经成熟。

C
hapter
第四章

昆 仑 出

- ●南极的冬天
- ●海冰重重
- ●昆仑崛起
- ●中华天鼎

南极的冬天

深度寂寞

第24次中国南极科考队的队员们，一直盼望着"雪龙"号科考船的到来。

南极漫长的冬季即将过去了，苍白的太阳漂浮在地平线上，只有远处露出的褐色小丘，在白茫茫的南极冰雪中，昭示着这是一个被冰雪覆盖的大陆。松软的冰雪下面，有着和其他大陆一样坚硬、实在、辽阔的土地。

浅灰色的云层，仿佛被打毛的玻璃，透出微微的白光，懒懒地反射着太阳的光芒。乌云显得很低，紧紧地压在头顶上，让人感到窒息。大雪一直下着，南极独特的下降风，将已经落到地面上的雪重新卷起，扬到空中。

中国第24次南极科考队的大多数队员将乘坐"雪龙"号科考船离开南极，返程回国。徐霞兴和18名越冬队员们要留下来，继续完成后续工作。

徐霞兴是一名老"南极"了。他七赴南极，六进南极内陆。2005年初，他作为首席机械师，驾驶1号雪地车带领中国科考队内陆队成功登顶。在南极

内陆队队员合影

内陆格罗夫山地区考察中,他又驾驶1号雪地车走在前面。从2号营地前往3号营地的途中,徐霞兴在驶过一片松软的雪地时,突然感到车身下沉,凭借丰富的经验,他立即加速向前冲出十几米,停下车来,他发现雪地车后出现了一条被冰雪掩盖着的冰缝。这条冰缝宽三米,深千米以上,刚才如果稍有迟缓,雪地车以及牵引的雪橇、生活舱将落入深不见底的冰隙。而这样和危险擦肩而过的事情,徐霞兴已经不知道经历多少次了。

2008年2月25日中午,国歌奏响,五星红旗缓缓降下,前任队长将国旗交到徐霞兴手里。他带领留下的越冬队员将国旗重新升起。在冰雪覆盖的南极,国旗鲜艳的红色异常耀眼。大部队离去了,喧嚣的生活结束了,一切将被寂寞、孤单取代,南极永恒的寂静将笼罩中山站,笼罩一切。他们19个人将在中山站度过近10个月的艰难时光,其中包含58个漫长的极夜。直到第二年夏季,"雪龙"号载着下一次科考队到来。

徐霞兴

　　极夜对越冬队员是极大的考验。零下几十度的低温，每秒50米的风暴，漫天飞扬的大雪。没有阳光的日子，生活将显得异常暗淡、单调和寂寞。这种情况下，人的身体和心态都会发生一些微妙的变化。中国社会科学院的一位教授和美国科学家对南极越冬队员进行过心理和生理测试，发现被测试者的血压、内分泌等多项指标都发生了变化。

　　严酷的环境和极度单调的生活会使人心理和生理出现问题，变得狂躁、焦虑，甚至发生妄想和歇斯底里症，以释放心理失衡积聚的能量。即使是很小的一件事情，这时都可能会被放大。一名中国越冬队员在越冬期间认为自己得了绝症，在极度绝望中总感到别人会谋害自己，惶惶不可终日，只好提前归国。但一到澳大利亚，所有的恐惧全都烟消云散了。

在东南极普里兹湾岸边的一块礁石上，一个大约一人多高的木制十字架孤独地承受着暴风雪。这是前苏联南极进步站一个越冬队员伊里奇医生的安息地。伊里奇曾是个英俊潇洒、充满活力的年轻人。在南极漫长的冬夜里，长时间待在昏暗的灯光下听着窗外单调的风雪声，面对着永远不变的白色世界，他的精神渐渐变得烦躁不安起来。他不能忍受几乎是一片空白的生活，生活不能没有内容。终于有一天他用医用酒精兑着蒸馏水，喝了下去。第二天早晨，人们发现他躺在地板上，停止了呼吸。同伴们用一个大铁箱子安放伊里奇的遗体，并将他埋葬在海边的山顶上，希望孤独的他能与咆哮的大海为伴。

在这里，生与死之间的界限是透明的，人们一眼就可以看到漆黑的另一面。

进步站距离中国中山站仅仅两公里。

中山站坐落于东南极拉斯曼丘陵地带的维斯托登半岛上，西南距离艾默里冰架和查尔斯王子山脉几百公里，是进行南极海洋和大陆考察的理想区域。拉斯曼丘陵由一系列岩石半岛和沿岸岛屿组成，以维斯托登、布罗克内斯和斯托内斯三个西北—东南走向的半岛为主体，附近分布着90多个大小岛屿以及200多个淡水湖，它们都被厚厚的冰雪覆盖着。山丘、峡谷、悬崖峭壁……整个地势从沿海到接近大陆冰盖，逐渐隆起升高。山丘海拔大多在几十米甚至上百米，裸露的山丘基岩表层风化，呈现出蜂窝状、片层状的外貌，大自然用时间和看不见的雕刻刀，将岩石进行雕刻，留下了耐人寻味的形状。

中山站的气候比较干燥，根据气象观测资料，这里年平均气温零下9.5摄氏度，夏季最高气温9.6摄氏度，冬季最低气温可达零下33.6摄氏度。连续白昼时间54天，连续黑夜时间58天。年降水天数162天，年大风天数在174天以上，最大风速可达每秒43.6米，相当于16级以上强风暴。经过亿万年进化的南极洲的生物，可以通过变换身体的颜色、改变代谢方式、休眠等办法来度过寒冷、枯燥的极夜，而越冬队员却只能靠精神意志来度过这最寒冷、最漫长的"夜晚"。

情感交流

为了抵御精神的折磨，在漫长的极夜里，越冬队员尽量不让自己闲下来。他们每周选一个晚上举办中山大讲堂，队员轮流当老师讲课。讲课的内容都和讲课教师的专业研究和业余爱好相关，比如南极石欣赏、陨石鉴别、激光和气象研究等等。别致而丰富的讲座，让每一位越冬队员大开眼界，受益匪浅。几个"80后"还制订了详细的健身计划，每天都利用站上的健身器材锻炼身体，其他队员也都陆续加入到他们的队伍里。他们还组织了乒乓球、台球、扑克、钓鱼等各种比赛活动，业余生活变得丰富多彩起来。

中山站站碑

2008年7月1日，正是南极的极夜期间，澳大利亚戴维斯站的十名越冬队员由队长带领，乘两辆雪地车来访，更是给中山站增添了欢乐的气氛。按照计划，戴维斯站的考察队员在中山站停留两天，以完成南极纳拉湾海冰调查以及与中山站合作的科考项目。任务完成得很顺利，短暂的两天很快就过去了。就在他们准备返程的时候，却发现一辆雪地车出现了机械故障，无法启动。故障无法排除，因为没有相应的配件，他们只好留在中山站等待援助。为了让他们能安全返回400公里之外的戴维斯站，徐霞兴与附近的俄罗斯进步站取得了联系，商议共同护送他们返回。俄方派出两辆装甲运兵车和四名队

153

冬夜的中山站

员，与中山站的四名队员一起驾驶着一辆300型雪地车和两辆雪橇，护送他们回站。7月11日上午9时，车队出发了，沿着澳大利亚考察人员来时的路线，一点点探索着前进。能见度很低，车速很慢。驾驶员必须紧盯着前车的尾灯才不至于走失，但又不能靠得太近，不然随时可能发生碰撞。在坑坑洼洼的南极内陆冰盖上，车辆很难保持同步，只要前车的尾灯越出视线，就得赶快用对讲机喊话，等到会合后再继续行驶。

走了大约200多公里，澳方的雪地车翻了。澳大利亚的雪地车车体重心较高，如果遇到复杂的路面状况，再加上风力作用，很容易发生侧翻。车队停了下来,队员们下车,用尼龙捆扎带将侧翻的车辆拉了起来。零下30多摄氏度的低温,寒风裹着雪粒打在队员们的脸上,一阵阵疼痛渐渐地麻木了。雪顺着袖口、领口不断向里钻,雪粒被体温融化然后又凝结在皮肤上,他们的脸上、脖子上和手腕部,都被冻伤了。

走了一段路,由于俄罗斯运兵车履带较窄,又陷入了雪地之中,履带空转、打滑,不断扬起大片雪块,车越陷越深。车队只得再次停下来,用中方的300型雪地车,将它拉出雪窝。护送中,各种事故不断发生,仅仅翻车就发生了四次。

经过整整53个小时,车队终于到达了澳大利亚戴维斯站。护送澳方人员归站的越冬队员们在戴维斯站修整了三天后,又踏上了归程。

虽然路程艰难,但是凭借在极夜行车的经验不断积累,返程一切顺利,仅用了39个小时就回到了驻地。凌晨2点多钟,队员们远远看到中山站窗口透出的点点灯光,感到无比的温暖。当雪地车慢慢靠近站房时,他们看到队友用纸箱板写着"欢迎回来"四个大字,高高举在头顶,他们的眼泪夺眶而出! 长途奔驰的疲倦以及冻伤的疼痛,顿时消失,他们和留守队员紧紧地拥抱在一起!

事后,澳大利亚南极科考局专门致电国家海洋局极地考察办公室,向中方的友情援助行动致敬。

漫长的越冬生活中,随时可能出现各种突发事件。护送澳方人员刚刚回来没几天,也就是在7月底,中山站的发电机冷却管道被冻住了。全站的热水

中山站前的方向标

供应停了下来，室内温度骤降，甚至到了零下十几摄氏度。

那一天，恰是极光最漂亮的一天。寂寞的南极再次上演着一场大自然自导自演的盛大晚会。

突如其来的变故打碎了美丽的夜晚，这天晚上，他们整整奋战了一夜。

极地风大、干燥，极易着火。2008年10月5日，与中山站相距2公里的俄罗斯进步站突发火灾，一死两伤。一座二层楼被烧毁，生活设施化为乌有。中山站迅速制订救援方案，组织队员将中山站的住房腾出一些，接待俄方的伤员和队员，并将中方备用的被褥等生活物品支援俄方。为了防止此类事故，徐霞兴组织队员将中山站的电路全部检查了一遍。

中山站前有一个方向标，方向标上有中国各个城市的名字、方向以及距中山站的距离。泸州籍队医唐德培看到方向标上没有自己的家乡泸州，就自己动手做了一个泸州的标牌。通过GPS定位，测定出泸州距离中山站11149公里，将这个数字雕刻在方向标上。2008年5月12日，中国汶川发生大地震的消息传来,他们每天关注地震灾情以及国内的救援活动。19名队员为灾区募捐7000余元人民币,10名党员交纳了特殊党费。相关的活动与国内同步,降半旗、默哀,队员们将自制的小白花佩戴在胸前,悲痛的气氛笼罩了南极中山站……

海冰重重

破 冰

漫长的冬季即将结束, 漂亮的企鹅出现了。它们排着整齐的队伍, 列队走过中山站, 接受新一年的检阅。它们穿着黑色的燕尾服, 一摇一摆地从科考队员身边走过。对于越冬队员们来说, 他们终于穿过了漆黑的隧道, 看到了另一端的光亮。经历了越冬生活考验的队员们, 变得更加成熟自信。为了完成在冰穹A建站的任务, "雪龙"号科考船将提前来到南极。通过高频电台, "雪龙"号与中山站取得联系, 越冬队员们立即兴奋起来。

前几次航行在南纬60度左右才会遇到浮冰, 但这次, 由于夏季未至, "雪龙"号航行到南纬58度就遇到了浮冰。"雪龙"号密切注视天气和海冰情况, 选择最优的路径靠近中山站。2008年11月17日下午, "雪龙"号抵达距离中山站57公里处的普里兹湾固定海冰外缘, 开始破冰前进。始料未及的是, 冰情异常严重和复杂, 历次考察都没有遇到过这种情况。考察队连续派出直升机侦察冰情, 发现中山站沿岸以北至"雪龙"号一线, 东西方向50公里范围的海域全部被固定海冰覆盖，没有可供航行的水域缺口。

　　普里兹湾固定海冰外缘与接岸海冰之间的南北15公里，全是起伏坎坷的乱冰带。这一区域横亘着"雪龙"号从未遇到的三条海冰地貌带：一条宽8公里的浮冰带，冰上积雪大约1米，由于风力作用形成，结构极其紧密；一条宽3.7公里、由水平冰块叠置而成的狭长冰带，冰厚3—5米，冰上积雪1米左右；另一条是3.3公里宽的网格状狭长冰脊带。考察队只有通过这段航程到达南纬69度，才能依赖GPS确定冰上运送物资的路线。

　　天气情况也不理想。自从"雪龙"号被阻滞到这里之后，普里兹湾一带南极绕极气旋十分活跃，中山站周边及"雪龙"号先后受到四个极地气旋所

"雪龙"号破冰

致的暴风雪影响。中山站的气象记录显示,仅仅11月份的降雪天数就比往年平均值高出一倍还多。

11月18日,"雪龙"号进入"壅塞碎冰堰"后,沿碎冰堰侧面斜向切割,将成片海冰切入海水后再用船体推开,像犁地一样犁破了8公里4米厚的碎冰堰。11月20日,"雪龙"号进入破碎冰块叠置而成"冰块重叠带"。在这里船体容易进冰,后退也困难,频繁的大功率后退对"雪龙"号螺旋桨尾轴造成了极大的负担,向后拉力也容易导致尾轴密封漏油。总结多次卡船经验之

破 冰

后，考察队采取了同时开辟两个航道前后推进的破冰办法，左右两个航道交替前行，准确把握船体对冰的撞击速度与角度，艰难地通过了这条3.7公里宽的冰块重叠带。面对复杂的冰情，他们不断尝试运用各种方法，成功突破了另一条冰带。23日，"雪龙"号进入冰脊带。冰脊密度很大，那些高出平均冰面2—5米的冰脊，就像一个个冰上小山丘。"雪龙"号曾尝试直接撞击冰脊但没有奏效，纵横交错的冰脊严重削弱了"雪龙"号的破冰能力。最艰难的时候，"雪龙"号积一天之功，以17000马力的巨大动力，仅仅前进了60米。

为了加快进度，一些专家提出冰上爆破方案。"雪龙"号派直升机前往中山站将站长徐霞兴和几位爆破专家接到现场，开始对冰层实施爆破作业。由于海冰比较松软，加之雪层较厚，冰体内部布满气泡，炸药爆炸的能量很快被吸收，爆炸后仅仅形成一个小坑，没有形成破冰的效果。他们只好加大药量并增加钻眼深度，但效果仍然不佳。爆破的尝试失败了。此路不通，只能寻找其他更加有效的途径。

持续恶劣的气候条件，以及复杂的冰情，将"雪龙"号阻滞于南纬58度一线。时间不允许等待，否则，南极夏季的最佳建站时机将会错过。中国第25次科考队领队、临时党委书记杨惠根组织大家讨论气象变化、冰情以及破冰工作，为尽快实施空中运输和冰上卸运集中智慧、开启思路，寻找最佳方案。随后，科考队加大了气象观测密度，密切注视着气候动态，由每四小时改为每个整点对气象实况进行观测和预报，24小时不间断，为科考队的下一步行动提供气象保障。为了获得冰情的准确数据，杨惠根又让勘测小组多次在冰面实施勘察活动，对航线方向60度方位范围内的冰脊系统进行了钻孔取样、雷达探测等海冰调查。他们利用直升机在更大范围内开展勘察，了解和掌握冰情和冰脊走向，想方设法寻找冰脊的空隙，或从薄弱处绕开冰脊。

严重而复杂的海冰和积雪以及天气状况不仅给"雪龙"号破冰增加了难度，还给判断海冰状况带来极大困难。更为严重的是，这一季节的雪面融水和高温海水同时加速了海冰的消融过程，经考察队专门组织的冰上探测结果表明，中山站向外的海冰全为湿海冰，海冰强度大大降低，这大幅度增加了考察队在冰上安全卸货的风险。

11月26日，科考队使用冰钻和探地雷达对南极乱冰区进行了探测，结果显示，乱冰区平均厚度在3—5米，冰脊处最大厚度超过8米。第二天晚上11点多，"雪龙"号在破冰作业过程中，悬搁于海冰上。此时，"雪龙"号位置在南纬68度59.59分，东经76度07.7分，距离中山站尚有49公里。科考队决定放弃破冰，寻找有利时机实施冰上卸运，直接从冰上登陆中山站。

命悬一线

不能继续等待下去了。不得已走的道路也许是最好的道路。现在，卸货工作已经比原定计划滞后了12天左右，而且"雪龙"号尚未到达预定位置。考察队后续工作面临破冰油料紧张、海冰变弱和天气不稳等不利因素。特别是由于南极特定的严酷环境限制，建设冰穹A科考站的有效时间很短，考察队必须按计划完成任务，及时撤离。

考察队适时调整计划，利用短暂的晴好天气，立即开始考察物资卸运以及直升机飞行吊运物资作业。

卸运一开始就遇到了困难。徐霞兴驾驶雪地车从"雪龙"号的左舷出发，试图绕船头到右侧拖拉雪橇，在行至船头前方150米左右的地方，突然发生海冰塌陷。这一切，太出乎意料了！因为"雪龙"号强大动力的破冰，加上一次次爆破，海冰发生了意想不到的变化。

然而，这就是南极，很多情况都难以预料。雪地车吼叫着，随着碎裂的海冰沉向寒冷的南极大海。徐霞兴感到雪地车在下沉，按照以往的经验，他想着猛踩油门就可以冲过去，但这一次，海水一下子就涌进了驾驶舱。他在

海上作业

一米多深的海水中试图打开车门，但是，巨大的水压，将车门紧紧抵住……

事发时领队杨惠根和两个领队助理，正站在"雪龙"号科考船驾驶舱的指挥台上，密切注视着现场卸运情况。几分钟前，杨惠根下达了一道指令，让队员们等到子夜之后，再行卸运。那时海冰会冻得更坚固结实些，安全系数将会增加。看着忙碌的队员们，杨惠根逐渐觉得自己的担忧或许是多余的。但谁能料想这突如其来的变故！就像咒语般的墨菲定律所说，可能会出错的，必定会出错。他看到徐霞兴驾驶的雪地车突然陷落，还未来得及反应，雪地车就沉入了大海。杨惠根大声呼喊：跳车！跳车！声嘶力竭，但徐霞兴听不见。

杨惠根知道这支考察队是一支临时性队伍，队员来自六十几个单位，其中有不少是年轻人，甚至是学生。他们中的很多人都是第一次来南极，这支考察队却要承担在南极内陆建立第三个科考站的艰巨任务。如何让这么一支年轻的队伍，在短时间内面对艰险，完成任务，对他来说，是一个极大的考验。这是一支没有接受过艰苦训练的军队，现在却要让他们去打一场艰苦卓绝的战争……途中讲课的时候，杨惠根就曾用精确计算的方法，告诉大家此次执行任务中将会出现风险的概率。他说，此次考察时间为173天，我们一共240个人，如果一个人干一天活儿发生事故的概率就像丢硬币那样的话，出现正反面的概率是二分之一，那么我们发生事故的概率是两万分之一，两万分之一相当于57年，一个人差不多30年工作时间，57年几乎相当于两个人一生的工作时间，这其间总会出现一点事故的，假如一个人一生的工作中出现一次骨折，我们这支队伍就会在这次南极考察中发生两个人骨折的事故……

然而，这次的事故不是"骨折"，也不是新手，而是徐霞兴！

此时此刻令杨惠根更加心惊胆寒的是，如果失去了老徐，科考队将会怎样？不仅是此次科考可能中止，之后若干次科考将被笼罩进巨大的阴影中……

他几乎不能承受这突如其来的一击。

徐霞兴连人带车落入冰冷的海中，似乎在他眼中，世界仅仅是突然变安静了。他冷静地挪到了空间相对大一些的副驾驶位置上，左手开启车门移窗，右手打开雪地车天窗，海水瞬间灌入驾驶舱，水压向上升起，产生了向上的推力。徐霞兴用头撞开了天窗的玻璃……这一连串动作，仅仅发生在十几秒里。生死关头，没有思考的余地，必须冷静、果断，凭借经验乃至本能，他逃出来了，空空的雪地车沉入大海里。

逃离驾驶室后，冰冷的海水迅速浸透了老徐全身，就像有无数根钢针刺着他的身体，先是疼痛，很快就麻木了。他只有一个想法：一定活着出去。他不能就这样死掉，这是他南极科考生涯中的最后一次，回去后，他就该办理退休手续了。他怎么能在工作的最后一站用牺牲的方式画上句号呢？他尽可能屏住呼吸，但还是喝了几口又咸又冷的海水。他借助海水涌入的压力冲出车外，发现雪地靴被卡在了30厘米宽的天窗上。徐霞兴奋力蹬掉了靴子，挣扎着向上，向上……仿佛过了很久很久，头顶碰到了坚硬的东西，是浮冰！他用力拨开浮冰，海水的浮力一下子将他推出了水面。寒冷的南极空气一下子灌满了肺腑，一种畅快之感四溢而出。他用尽最后一点力气，挣扎着爬上了冰面，摇摇晃晃地站了起来。此时，浑身的力气已经耗尽，身体已经冻僵，一步都挪动不了。

雪地车陷落之后的全过程超不过一分钟。

心如火焚的杨惠根，突然看到远处的冰陷处浮上来一个黑点，心里微微有了光。老徐没有牺牲！他赶紧带人飞奔过去，用被子将冻僵了的徐霞兴包裹得严严实实，抬回了"雪龙"号。

徐霞兴睁眼后的第一句话是："车没了。"

杨惠根说："你的成功逃生挽救了整个队伍和科考计划。"

挺进冰穹A

杨惠根说的完全是真心话。假如老徐真的这样牺牲了，这绝不仅是他个人的悲剧，甚至在冰穹A建站的计划都可能面临夭折。

能勇敢地面对死亡的人，是英雄。能冷静地战胜死亡的人，更是英雄。

进入中山站

徐霞兴死里逃生，化险为夷，是一个小概率的幸运结局。以前也有过其他国家的科考队员开车掉入南极冰海的事件，但无一人生还。可以说，徐霞兴依靠自己的冷静判断和果断处置，创造了奇迹，得以顺利逃生，重返人

间。事情虽然过去了，但是，这一事件的阴影却仍然笼罩着中国第25次南极科考队。有人建议，将所有已经卸到冰面上的物资，重新搬运到船上。有人质疑本来车辆就少，现在又损失了一部，剩下的车辆能否顺利完成建站任务？

为了稳定军心，杨惠根下达指令，暂停卸运作业。他以科考队党委的名义号召科考队员们向徐霞兴同志学习，学习他临危不惧、敢于承担风险的精神。

杨惠根向国家海洋局副局长、此次冰穹A建站的主要决策者陈连增汇报了事故情况以及遇到的困难。陈连增副局长指示：人没有牺牲就好。一定要将物资运上岸，你可以建不成站，但一定要将建站物资运到冰穹A。能不能建，视具体情况而定。并且叮嘱，一定要科学地面对问题，而不是任凭勇气和血性。

来自国内的支持，使杨惠根坚定了信心。

杨惠根一夜未眠。他仔细分析了事故原因，连夜写出了报告。第二天清晨，他向队员们通报了事故情况，告诉大家站务交接仪式按计划进行。然后，他派直升机将身体已经恢复的徐霞兴送到中山站，参加站务交接仪式。杨惠根知道，这次科考受到全国人民的强烈关注，也是全球焦点之一，这里的任何一个事件，都处于放大镜之下，如果处置不当，可能会造成负面的影响。

让徐霞兴出席中山站站务交接仪式，通过电视直播，直接向祖国人民报告了他的安全，同时也通过此次活动重振军威，增强信心。庄严的国歌声

第四章　昆仑出

The Establishment Of Kunlun Station

中，徐霞兴将降下的国旗交给下一任站长，新任站长将国旗又一次升起在南极的上空。通过电视，全世界将目光又一次聚焦到这里，那白色苍原上飞舞的鲜红，是中国科考队员永不屈服的信念。

现在，他们必须想办法将几百吨建站物资运送到岸上。其中，两辆PB300型大型雪地车，因为超过直升机吊运荷载，无法用直升机吊运，必须从危险的海冰上开过去。这两辆雪地车的运送，成为此次建站能否成功的关键。

落水事件的恐慌在队伍里还未散去，很多人不敢在海冰上驾车。杨惠根

列队经过中山站的企鹅

便邀请俄罗斯进步站站长和海冰专家来到"雪龙"号，请他们提供有关的海冰资料，仔细选择冰上运输路线，商讨运送物资方案。为了做到万无一失，杨惠根组织了一支冰上探路队，将每一路段的冰层厚度、强度和承载力，经科学计算获得相关数据后，才制订详细的冰上卸运方案。"雪龙"号上的气象小组更加忙碌，他们必须提供准确、全面的气象资料，以确定卸运作业的时间。直升机的吊运更是受到气候条件的限制，在降雪条件下，螺旋桨易于结冰，不能起飞，风暴天气下，直升机不容易控制，不具备稳定的条件。杨惠根要求必须提前两小时作出坏天预报和降雪预报，以及气候转变预报。气象小

南极的雪燕

组昼夜观测，密切注视气象动态，各种数据反复查对、计算，他们知道，每一点小小的误差，都可能带来巨大的危险。

晴好天气几乎是惊鸿一现。科考队迅即捕捉到这一难得的机会，利用不足三天的有利天气，组织大规模物资卸运。直升机开始吊运两台PB240雪地车主机及履带、26台雪橇，以及钢结构、工程舱等建站物资。旋转的螺旋桨，吹起了冰上的积雪，现场处在一片雪雾中。12月10日22时，两辆大型雪地车开上了冰面。副队长夏立民和机械师曹建西担负起驾驶两辆PB300型大型雪地车沿着反复勘察确定的路线向中山站方向驶去。为了避免徐霞兴事故的重演，杨惠根让他们敞开车门，随时做好逃生准备。一些队员驾驶雪地摩托车在前后左右引导、护送、接应。

苍茫一片的辽阔海冰，一望无际的普里兹湾，轰鸣的雪地车，奔驰的雪地摩托，像波浪一样涌向海岸线。涌动的海冰，使雪地车剧烈地颠簸着，夏立民和曹建西从容地控制着方向和速度，队友们不断通过高频电台通报路面情况。履带下的积雪发出吱吱的声响，几道长长的车辙深深地嵌在洁净的海冰上。经过将近三个小时的行驶，次日凌晨0时55分，雪地车驶入中山站。雪地车的抵岸，成功解决了内陆物资卸运的瓶颈问题，扫除了实施内陆建站的一个障碍。

吊运物资

昆仑崛起

昆仑欲出

中国科学家在南极考察中，取得了一系列引人注目的成果。在冰川学、地质学、地理学、测绘学、气象学、高空大气物理学、南极及南大洋地球物理学、南极及南大洋生物学、南大洋物理海洋学和化学海洋学等各个学科都取得进展。按照刘小汉博士的推断，格罗夫山是陨石富集区之一，它使我国科学家对南极陨石的收集量跃居世界第二，这对于研究天体演化以及各种太阳系演化之谜具有重要价值。我国科学家在格罗夫山首次发现了内陆极寒冷荒漠土壤发现了大量沉积岩转石中的微古生物化石组合，以及冰碛堤、冰蚀线等重要的冰川地质界线。此外，通过原地生成宇宙成因核素的岩石暴露年龄测量，在新生代东南极冰盖演化历史研究领域，取得了具有挑战意义的初步成果。南极冰盖的进退，对深入研究全球气候变化提供了第一手资料。

　　南极是全球气象资料最贫乏的地区,气象台站的密度远小于人类居住的其他地区,在卫星遥感技术飞速发展的今天,为了对卫星遥感资料提供地面验证,以及由冰雪代用资料建立南极地区长期气候序列,南极地区的地面现场气象观测仍是不可取代的。尤其是在内陆地区设置自动气象站,对积累和

萨哈洛夫岭

提供南极冰盖空白区的气象资料，认识和研究该地区的天气、气候特征等，都有重要意义。人类经过200多年坚持不懈的努力，认识到南极洲与人类的生存和发展密切相关，地球是一个整体，中国自然环境的演化是地球的一部分，南极洲的存在和演变同样与中国有着血肉相连的关系。

对冈瓦纳古大陆的历史和它的裂变过程进行深入研究，是了解形成地球表面特征，动物、植物分布及其演化过程的一个重要依据。南极大陆是冈瓦纳古大陆的核心部分。由于人类发现和进入南极大陆比较晚，并受到严酷自然条件的限制，人类对南极环境的演变，冈瓦纳古大陆裂变的过程、机制的认识仍然比较肤浅。

19世纪下半叶的一天，德国气象学、天文学家魏格纳患重感冒躺在乡间一座古堡里，他十分无聊地盯着床对面的一幅世界地图，忽然，他发现大西洋两边的非洲大陆和南美大陆的轮廓线彼此呼应，一个大陆突出的部分正好是另一个大陆凹陷的部分，它们一一对应，好像是用剪刀裁出来的。这一发现深深地埋藏在心里。第二年秋天，他前往柏林大学讲学，又在学校图书馆看到一个名不见经传的考古工作者的论文，谈到南美洲古生物和非洲古生物十分相似，比如说地球上早已灭绝的一种爬行动物化石，在非洲和南美巴西都有发现——这些古生物不可能越过浩瀚的大西洋，在两大洲间旅行。1912年1月6日，在法兰克福地质学会上，魏格纳第一次提出了"大陆漂移说"，举世震动。这意味着，现年46亿年的地球陆地原先并不是现在呈现的状况，而是由位于北半球的劳亚大陆和南半球冈瓦纳大陆相连而成，称为泛古陆。大约在2亿—3亿年前的二叠纪时期，冈瓦纳大陆开始解体，分裂后的南极大陆向南漂移，另一些陆地板块则在漂移中形成非洲、南美洲、印度、澳大利亚、新西兰等。

认识冈瓦纳古大陆对于认识我们赖以生活的地球的演化，具有重大价值。我国地质学家赵越在20世纪90年代初，在中山站附近地区——原属于冈瓦纳古大陆内部的南极普里兹湾拉斯曼丘陵地带寻找到证据，发现了拉斯曼的岩石与印度南部的岩石所经历的变质作用的相似性，首次识别出5亿多年前构造热事件记录，提出这一事件应当是冈瓦纳最终拼合的构造运动，这是对冈瓦纳古大陆演化研究的一次革命性飞跃。

2008年1月12日，中国第24次南极考察队再次登上冰穹A，为建昆仑站做最后准备。

国家海洋局2008年10月16日宣布，中国第25次南极考察队于10月20日从上海出发，启程前往南极执行南极内陆站建设和考察、中山站改造建设以及南大洋科学考察等任务。这意味着我国首个南极内陆站建设工作进入实际实施阶段。同日，国家海洋局还公布了南极内陆站的站名——中国南极昆仑站。

站址选定

随着南极科学考察的逐步深入，以及中国在南极考察大国地位的形成，仅仅利用设立于南极边缘的长城站和中山站进行科考，已经远远不够。中国必须有更大的举措，提高中国对人类和平利用南极的贡献率，使其能够与中国在国际舞台上扮演的重要角色相称。中国科学家在南极内陆设立科考站，以支持科考进一步发展的愿望越来越强烈。更重要的是，中国的经济发展一日千里，综合国力不断提升，选择在具有重要科考价值的南极制高点——冰穹A建立第三个南极科考站的时机已经成熟！

幕布徐徐开启。准备工作紧锣密鼓地展开了。

阿德利企鹅

南极植物

　　早在2003年，国家海洋局就相关问题组织专家召开论证会时，专家们就认为，在南极内陆地区建立新的科考站，对我国深入开展南极科学研究非常重要。经国务院批准的极地考察"十五"能力建设项目的全面实施，为南极内陆建站创造了必要条件。把握良机，适时建站，能够使我国在南极事务中对普遍关注的焦点问题提出自己的看法和主张，以参与和影响国际南极事务的发展，同时满足我国全球变化科学研究的需求，提升我国南极考察的总体水平。

　　国家海洋局还召开了极地考察工作咨询委员会会议，听取了来自国务院有关部门的咨询委员对建立第三个南极科学考察站的各个角度的意见。委员们认为，就我国现有的经济发展水平、综合国力、科技水平，建立南极内陆科学考察站确有保障。2004年10月16日，经国务院批准，组织开展了南极内陆建站的前期考察和可行性研究工作。可行性报告指出：我国已经成功组织了23次南极考察，也已经组织实施了8次南极内陆考察，组织、管理、后勤保障、科学调查等诸方面都具备了相当的能力和经验。我们目前拥有一船三站，即"雪龙"号、南极长城站、南极中山站、北极黄河站等基础设施，经国务院批准实施的"十五"能力建设完成后，我国极地考察基础设施水平将得到较大幅度的提高，这对于我们今后从事的内陆考察工作将有很大帮助。

中国最早成功实施了冰穹A的考察，并且获得了重大发现，2007—2008国际极地年组委会批准了由中国牵头的涉及冰穹A方面的核心科学考察计划，这是我国从事极地考察22年来首次被批准牵头组织的大型国际合作计划。这充分说明国际上对中国从事冰穹A考察工作的信任和肯定，也说明中国已经具备必要的条件和能力担负在冰穹A考察的重任。国际科学界已经认识到冰穹A地区在科学上的重要意义，它对于研究全球气候与环境等重大科学问题、基础科学的若干前沿问题提供了不可多得的观测点和研究场所。中国围绕冰穹A的科学考察和研究已经积累了多年的经验，并且综合国力和科技水平已经进入太空时代和深海时代，在冰穹A建站的物质支持和科技储备，皆已具备。

南极进入科学考察时代以来，已经经历了半个世纪的漫长岁月，建立了比较成熟的三类救援体系：现场自救、地面车辆救援、航空救援。相对于中国南极长城站和中山站，冰穹A距离海岸线遥远，海拔高达4093米，低氧、低温等自然环境更加恶劣。但是，借鉴以往相似环境下人类活动保障和我国在南极内陆考察的丰富经验，通过建立健全人体心理与身体保障措施体系，在冰穹A建站并依托科考站进行考察活动，完全可行。

南极内陆建站项目具有很强的国家象征意义，也反映了中国南极考察的决心。项目总负责人、国家海洋局副局长陈连增认为，在冰穹A先建立夏季科考站。在我们对人体的承受力缺乏充分了解的情况下，应该以人为本，尊重科学，不能贪图冒进。因为我们对冰穹A地区的认识还非常肤浅，已有的记录证明这里的最低温度可达零下80多摄氏度，海拔高达4039米，而且，与国内的高原都不同，冰穹A周围没有任何植被，除了冰雪还是冰雪，在这样的高原低氧条件下，人的生命能够耐受多久？能否长期生存？科研设备能否经受如此低温的考验？这些都是必须考虑的问题。

2008年北京时间1月2日14时45分，由中国极地研究中心极地海洋学研究室主任孙波带队，17名中国内陆冰盖考察队员重返南极最高点冰穹A。他们从中山站附近的内陆冰盖基地出发，历时21天，长途跋涉1286公里，穿越约330公里至560公里的冰裂隙密集区，并一路攀登通过海拔3000米以上地区，进入冰穹A核心区域。这是继2005年1月18日中国科考队首次从地面成功登上冰穹A之后，又一次成功登上南极冰盖之巅。他们在冰穹A举行了庄严的升旗仪式，并竖立了一座华夏苍穹主题纪念雕塑，将此次历尽艰险的行动铭刻于南极冰盖之顶。

除了执行"国际极地年"中国行动的核心计划——PANDA计划系统开展冰川学、地球物理、天文学等数项考察之外，那次登顶的一项重要任务，就是为南极内陆科考站选址。选择科考站的站址必须满足科学考察的需求，蕴涵有与人类生存环境密切相关的科学问题和其他重大的科学资源。国际南极科学界在东南极研究的前沿问题包括：一、寻找能够代表地球气候环境本底状态的观测点，在该点设立观测系统开展长期监测，获得地球气候环境变化的连续资料，以便正确评估全球气候、环境现状和演化趋势。冰穹A具有独特的大气沉降特点，有可能成为这样的观测点。二、寻找120万年的

登顶勇士

古老冰堆积体，选择合适的深冰芯钻探点，重建120万年以来高分辨率气候环境记录。这是南极冰芯科学研究最重要的课题之一。三、在气候变化背景下，冰盖物质平衡变化、动力学机制及其与海洋相互作用的研究进展，一直为科学界所关注。选择具有代表性的冰盖—冰川—冰架—海洋系统开展研究，对阐明冰盖变化与海平面升降关系具有重要意义。四、南极大陆核心陆块的物质成分和特性，是解释超大陆解体和南极大陆形成的钥匙，在东南极冰下甘布尔采夫山脉最高点开展地质钻探，有可能获取地质构造演化方面的新发现，从而获得地球物理学基础理论的重大突破。五、在东南极内陆高原寻找天文观测、日—地相互作用观测的最佳观测点和新科学发现的地区场所。

这些科学研究的前沿内容都指向冰穹A。让我们再回顾一下冰穹A的基本情况：冰穹A是南极距离海岸线最远的一个冰穹，居于东南极腹地，中山站距离冰穹A的直线距离1228公里，考察路线的实际车程大约1280公里。根据卫星资料显示，冰穹A最高点为一个东西宽约15公里、南北长约60公里的平台地形，高程在海拔4050米以上的面积9582公里，最高点实测10米深，雪温为零下58.3摄氏度，是地球表面气温最低的地区。自动气象站连续观测资料表明，这里年平均气温为零下52.5摄氏度，最低日平均气温为零下71.1摄氏度，最大风速为每秒13.3米。1957—1958年国际地球物理年以来，一直被科学界称为"人类不可接近之极"，在我国第21次南极考察队内陆冰盖考察队到来之前，从未有过人类足迹。

17名队员在这里开始了紧张的工作，他们在冰穹A断面适合建立科考站的区域进行了详细调查，以便筛选出符合科学原则的站址。综合冰穹A核心地区的环境参数，以及各种科考内容对站区主体建筑的依赖情况，考虑到各个学科需求的综合平衡，站区主体建筑的具体位置，初步确定选择在北纬80度25分01秒，东经77度06分58秒，这个点的高程海拔4087米，距离冰穹A最高点7.3公里。这一位置表面地势和冰下地势平坦，冰体厚度超过3100米，冰盖水平流动很小，也是冰芯钻探的最佳地点。在此处建站，可以满足中国深冰芯钻探计划、天文观测计划、气候环境本底监测、日—地系统观测和地球物理观测、冰下山脉地质钻探计划、南极大陆动力学研究以及大气和空间观测等重大科学工程项目的需求。

中国红 五星黄

与此同时，远隔重洋的祖国，同步展开了前期运作。2008年，国家海洋局通过新浪网，开始征集内陆站站名。它唤起了民众对南极科考的极大热情，十几万网民参与了命名投票。最后，综合网络民意和专家意见，国家海洋局决定将中国南极第三个科考站命名为"昆仑站"。这样，在南极的冰雪旷野上，昆仑站将和长城站、中山站三足鼎立，交相辉映。

长城为中华民族的文明象征；中山为中华儿女争取和平、独立、富强、民主的象征；昆仑为中华壮丽山河的象征。

坚冰开始融化

昆仑山气势磅礴，横亘于西北，它巨大的体量、冷峻的神态、神秘的群峰、恢弘的气派，与南极高峻的冰盖之巅极其相称！多少中国诗人赞美过浩莽绵连的昆仑山，它是众山之山、诸神居所，缥缈自在的云彩之间，蕴藏着无数的斑斓仙境！

清华大学建筑研究设计院承担了昆仑站的设计任务。该设计必须具有南极理念。既要考虑在冰穹A的特殊条件下，保护环境、节约能源以及安装便利快捷等因素，还要考虑尽可能提高空间的可利用率，在有限空间内满足多功能的要求。同时，对南极环境下的运输、施工、维护等困难也要予以充分考虑。

南极的夏季很短，只有从每年11月初到第二年2月中旬不到111天的可利用时间。施工时间很短，而在这一时间段中必须完成人员到达和离开内陆，地面物资运送及建站等工程的管理难度很大。另外一个特殊要求是，昆仑站的外观还需考虑融入中国因素，以体现中华民族的文化精神。

经过反复斟酌，比对筛选，设计方案渐渐浮出水面：尽量采用轻质材料以控制重量，采用预组装房屋——集装箱式建筑，以减少工程量。主体建筑为钢结构，建筑面积236平方米，包括生活区和科研区，可供15—20人进行夏季科考。主建筑被钢支架托起，3—5年之后，逐步升级扩建达到近600平方米面积的规模，将成为满足科考人员越冬的常年站。主建筑俯视图呈错落叠拼，具有轴对称之美，建筑主体材料全部采用不锈钢，外观采用中国红与五星黄，从空中俯瞰，整个屋顶形成一面五星红旗，展开于冰雪皑皑的南极荒原上，茫茫积雪的反衬，使中国红更加耀眼。

设计完成后中国极地研究中心开始为下一步做准备工作。原中心副主任秦为稼组织人员编写建站的具体实施计划。订购了48台雪橇，新增雪地车3台，还有多种附属设施；一些队员准备逐步派往澳大利亚和德国培训；各种物资的准备工作也在进行，油料、科考设备、雪地车、雪橇以及其他南极考察设施，正通过各种运输方式，源源不断地向位于外高桥的极地科考出发基地汇集。

中国南极第三个科考站昆仑站，已经呼之欲出了。

中华天鼎

立鼎最高点

2008年12月3日，风雪较小，中国第25次南极科考队内陆队部分队员分乘雪地车前往集结出发地，挪动被大雪掩埋的12辆雪橇，为后续作业做好准备。

徐霞兴掉冰缝事件损失了一部雪地车，牵引力大为减弱，为了降低陷车风险，考察队先后派出三支先遣队，提前进入内陆沿途进行布油和运输物资。12月11日，内陆队队长李院生率领一支先遣队驾驶4辆雪地车在距离中山站250公里处，布放了7个雪橇的燃油。次日，考察队副领队秦为稼亲率第二支先遣队，驾驶4辆雪地车，将6个雪橇的燃油运送到70公里以外不受降雪影响的LGB72点，这是横穿内陆冰盖的第一起点。12月15日，4辆雪地车将5个钢结构和一个工程舱运抵该点。

　　12月17日，内陆队用一天的时间完成了物资清理、捆绑上橇、车队编组和车辆检验等准备工作。

　　12月28日，28名内陆队员，包括13名负责建站施工的宝钢突击队队员，在李院生的率领下开始了艰难的征程。11辆雪地车牵引着42个雪橇，引擎的轰鸣，震醒了拉斯曼丘陵的雪地，一辆辆雪地车和拖着的一连串雪橇一路排开，约有几公里长，放眼望去，颇为壮观。由于车队过长，车载电台只能不停地进行联络，中间车辆需要不断地重复，后面的车辆才能听清楚，指令也经常会在传递过程中变形。白茫茫的雪地上，红色的雪地车和雪橇蜿蜒进，绵延不绝。雪地车吐着黑色的浓烟，南极的下降风吹着，向后方长长地展开，仿佛烽火台上升起的狼烟。雪地车以每小时10公里左右的速度行驶，美丽的中山站，渐渐远去。

　　艰苦的征程开始了。生活舱里的温度通常只有七八摄氏度，晚上睡觉打开两个电暖气，还要将电褥子开到最高档，即便如此，床下的结冰始终不化。躺在床上，上冷下热，队员们每晚都要辗转反侧，不断醒来。这里的每一点水都需要将雪加热融化，都需要电能，为了保证工作用电，他们严格控制用水量。每天每人配给一块湿巾，使用之前要先化冻，擦完脸后留待晚上擦脚。刷牙用水都是利用雪地车发动机的余热化雪而来。寒冷、干燥的气候，不能洗澡，使得人们皮肤干燥发痒，皮屑遍体，将内衣脱下一抖，纷纷扬扬。

　　每顿饭大都是没有分装的航空餐，加一点儿干菜，再就是方便面和罐头。大家的胃口普遍不好，不想吃肉，但是为了补充热量，还得强忍着咽下去。维生素的补给主要依靠药物。在极其寒冷的条件下，要想吃上热饭是一件很难的事情，热饭一放到碗里，很快就变得冰凉，吃方便面必须先放入热水，然后在微波炉里不断加热。

生活舱内拥挤不堪，由于床位紧张，有的队员不得不打地铺。在冰雪中行进，到处是起伏的雪丘，雪橇也随之不断地起伏摇摆，好像风浪中的小船。队员们待在生活舱里随之起伏，晕船般的难受。舱里的每一样东西都必须捆绑结实，否则就会像失重一样在空中乱飞。

就这样，每天要连续行进12个小时，甚至14个小时。几天后，两辆PB240雪地车相继发生故障，无法修复，只好放弃。本来就不足的牵引力现在更是雪上加霜。剩下的9辆雪地车不得不超载运行，拖着42个雪橇继续向冰穹A挺进。

12月21日，车队进入大约300公里处，中山站派遣直升机给内陆队送来雪地车发动机皮带等配件，副领队秦为稼给队员带来了一封信、一个MP3和一些蔬菜。这是直升机最后一次到营地了，此处与中山站的距离也差不多是直升机最大的飞行半径。后方的供给、援助从此断绝，一切都要依靠自己了。向前望去，此处与目的地冰穹A尚有1000多公里的路程。他们连日来的艰辛，仅仅是万里征程中的一步。

此时，"雪龙"号已经卸完物资再次穿越西风带，正在南大洋与西风带的强气旋周旋，它预计在1月3日抵达澳大利亚墨尔本港口，装运第二批物资和补给，然后前往澳方南极凯西站迎接赶赴南极的中国政府代表团，返回中

雪 桥

山站。

一周多的时间过去了, 内陆队艰难行进了不到600公里, 至中山站时间1月1日21时, 内陆队的位置处于北纬77度43分10秒, 东经77度09分15秒, 海拔已经上升到3100米。这时车队已经安全穿越了冰裂隙区域, 行进在软雪带上。软雪带难以行驶, 超载运行的雪地车的动力显得不足, 行车缓慢。为了减少载重, 车队增加了沿途的抛油量, 负重由原来的6个雪橇降为4个雪橇, 车队采用不断折返的方法, 将笨重的物资一点点向前挪动, 他们每行进10到20公里卸下雪橇后再返回拉运剩余雪橇。这使每天的实际路程增加了一倍。12月18日, 一辆PB240雪地车出现漏油故障, 无法修复, 又要被迫放弃了。现在, 只剩下8辆车了, 牵引力更加不足, 行进速度更慢了, 有时一天十几个小时，只能走很短的路程。

机械师崔鹏惠每天早上都会指挥车辆起步，他总是在寒风凛冽的清晨挥舞着对讲机……雪地车负重起步，经常需要两个多小时，甚至更长时间。雪地车配有加热功能，可以保障在低温条件下启动，但当气温降至零下40摄氏度以下时，启动就变得十分困难了。在牵引重载雪橇之前都要热车，然后拖拉雪橇。整个车队从热车到所有车辆启动行驶，需要好几个小时。低温气候，车辆起步时牵引钢缆和接扣断裂的事情时有发生。艰难的旅程中，内陆队还肩负着科考任务，每行驶2公里就要停车测量一次标志杆，每10公里还要收集冰盖雪样，并测量积雪的密度。冰盖雪样要做好标记，放入冷藏箱，以备研究分析之用。

终于，在中山站时间2009年1月6日23时55分，即北京时间1月7日凌晨2时55分，内陆队在李院生的率领下，驾驶8辆雪地车拖拽着40个雪橇，装载全部建站物资，成功登顶冰穹A。他们历经43天，行程1300多公里（由于折返运送物资，实际车程更长），穿越冰裂隙区、软雪带和硬雪带，终于征服重重困难，到达海拔4093米。这是中国也是人类第三次通过地面抵达冰穹A，这里是南极冰盖的最高点，也是中国和平利用南极的精神高度。

在这里极目远眺，冰盖上厚厚的积雪绵延起伏，它们犹如传说中的神仙居所，万古的洪荒、静穆的时空、洁白的冰雪。人类所做的一切，都被宽容地放置在这个无边无际的银盘里。队员们站在这里，感慨万千，每个人都焕发出诗人般的激情，他们感到了自己使命的神圣，也感到一种超越世俗的力量在净化着自己的灵魂。

李院生带领队员将中华天鼎的纪念雕塑放置在冰穹A。它的外观为三足双耳圆形鼎，高2.5米，寓意中国第25次考察南极。鼎身饰有青铜时代最具代表性的饕餮纹和牛兽纹，象征着中华民族自强不息的精神和挑战困难的勇气，同时鼎身还饰有夔龙纹、牛纹、虫纹，体现了中华民族文化传统中人与自然和谐的哲学理念。底座为方形，暗喻天圆地方——中国古代对于宇宙的探索和认识，表达了中国热爱科学、追寻真理的民族精神。

鼎是中国古代的传国重器，是国家和权力的象征。传说夏禹曾收九牧之金铸九鼎于荆山之下象征九州。鼎又是旌功记绩的礼器，周朝的国君在重大庆典或接受赏赐时都要铸鼎，以记载盛况。

中华天鼎

中华天鼎在左右两面撰刻了中英文铭文：

自1984年中国第一支南极考察队奔赴南极至今，已开展了25次南极科学考察，并于2005年1月问鼎冰穹A，首次测定最高点位置为南纬80度22分00秒、东经77度21分11秒、高程为4092.75米。这是人类第一次从地面到达冰穹A。

天是至高的象征，鼎是文明的载体，在冰穹A最高点设立中华天鼎，意为挑战极限，昌明科学，腾声飞实，奉献人类。

经过短暂的休整，队员们因高寒、低氧、高海拔环境引发的冻伤、胸闷、体能下降等种种不适尚未缓解，就又带伤投入了新的工作。这里的每一天都是宝贵的，不能等待。原计划施工时间为45天，由于种种原因现在只有30天的施工期了。建站施工负责人李侍明试探性地问作业长周定富："15天能不能建起来？"周定富回答："15天怕不行，说什么也要给我18天。"听到这样的话，李侍明心里有底了。

南极上的昆仑

建站基础作业开始了。根据现场状况，内陆队对昆仑站的主楼位置进行了调整，西移50米，北移30米，主建筑位置改到原来设定的主楼前广场。冰盖机场也已确定方位和相关参数，开始进行跑道轧整工作。站区地形图和冰盖流速GPS点的测绘工作、天文观测、冰芯钻探也正紧张实施。

　　在国内设定的建筑基础施工方案是开挖雪地，通过扬雪增大雪密度，然后回填夯实。现场施工过程中发现这个方案有缺陷，于是改为用轻重型雪地车轮替碾压，加固地基。雪地有很多难以捉摸的特性，必须先用轻型车碾压归拢，然后再使用中重型车进一步施压，才能获得符合工程需要的效果。

　　昆仑站的施工难度超过人们的想象。虽然考察站主建筑设计的是组装

誓保南极内陆站建站成功

式房屋，出发之前曾经进行过试组装，但是在冰穹A，恶劣的气候条件使得看似简单的操作变得难度大增。这里的氧浓度只有其他大陆的一半，队员们普遍记忆力严重受损，很多事情转眼就可能遗忘，组装时的组件编号经常混乱，返工现象时有发生。一次，项目经理陈兆融发现保温外墙板编号弄错了，急得都哭了。李侍明赶紧安慰他慢慢来。以前，队员们从来没有因为苦和累抱怨过一声，但是在冰穹A施工中出现任何一个失误，都会让他们非常难受，以至于悔恨流泪。另一次，半夜2点多种，李侍明辗转不能入眠，他发现上铺的周景武悄悄地爬起来。他就问，你做什么？周景武回答，我答应队长修好厕所，大家明天就可以使用了。原来，一个厕所在运输过程中损坏了，一直放在那里无法使用。周景武一直干到第二天早上，修好厕所，接着又和队员们一起到工地干活儿。

原定的施工时间大为缩减，每日施工任务随之加重。队员们经常要在寒冷的野外工作十四五个小时，大部分队员被冻伤，尤其是施工队员，他们在施工的时候不能戴厚手套，拧螺丝帽时还要摘取手套，因此，双手经常受伤。13个施工队员，有9个队员被冻伤，脸部、手部以及其他部位，伤痕累累。高原上伤口不易愈合，小小的伤口，需要很长时间才能愈合。他们在晚上默默地涂上冻伤膏，第二天照样接着干活儿。

由于高原缺氧的缘故，队员们白天非常劳累，晚上睡眠却严重不足。总是刚睡了一会儿，就醒来了。一夜之间，不断反复，经常处于半睡半醒状态，迷迷糊糊，一点轻微的响动都听得清楚。许多人服用安眠药才能入睡，队医

194

带来的安眠药很快就用完了。

这样的条件下，没有人抱怨，他们只是说："要是昆仑站建不成，我们没脸回'雪龙'号。"

机械师魏富海和曹建西，用高超的技艺，超极限使用了吊机。工程舱单件大约有四五吨重，需要两台吊车协调作业，才可以安装完成。屋顶施工中的队员，需要两个吊车拉着施工绳索和施工人员的安全带使两者相连，才能操作，否则屋顶太滑，随时可能滑脱坠落。这需要过硬的技术。两位机械师仔细耐心配合默契，才使吊装工作顺利完成。

吊装昆仑站第一个建筑仓

中国南极昆仑站

自登顶冰穹A以来，内陆队用了16天时间已基本上完成了昆仑站的建站任务，较原定的30天的工期差不多缩短了一半时间。各项科学考察也已经展开，地磁、地震、冰川、天文等各项科学观测仪器已经安装调试完毕，冰盖流速的观测正在进行，冰钻已完成电源线路的架设，开始试打钻。同时，他们开始整理站区剩余物资，规整雪橇重新编组，为撤离冰穹A做好预备。

落成的昆仑站，从各个角度看都显示了浓浓的中国元素。国旗红和五星黄相互协调，映衬在茫茫白雪中，形成了南极冰盖高点的独特景观。这是人类有史以来的第六个南极内陆科考站（前五个是：位于南极点的美国阿蒙森—科斯特站、位于冰穹C的法国和意大利考察站、位于冰穹F的日本富士站、位于毛德地的德国科嫩站，以及位于冰点的俄罗斯东方站）。中国征服了南极最后一个曾被视为"不可接近之极"的必争之点。

第四章　**昆仑出**
The Establishment Of Kunlun Station

昆仑站是中国南极科考的又一个里程碑，它意味着中国已经跻身世界南极考察的"第一方阵"，标志着由南极考察大国迈进了南极考察强国。昆仑站不仅是一个特殊地理意义上的标志性建筑，更是中华民族在南极建立起来的伟大精神坐标。

自1985年我国建立第一个南极科考站长城站之后，"南极精神"作为中国改革开放伊始的一个标杆充满豪情壮志的被树立起来了，"体现了中国人民在'四化'建设中不可动摇的坚定信念和自立于世界民族之林的豪迈气派"（《红旗》杂志1985年第10期）。这也正是对邓小平在科考队伍启程之前所题的"为人类和平利用南极做出贡献"的最好同应。"南极精神"的主旨包括，不畏艰险，不怕牺牲；遵守纪律，团结一致；脚踏实地，一丝不苟；发奋图强、立志振兴中华。郭琨队长总结得好："振兴中华、为国争光，用我们的血肉筑起新的长城"。

1994年，宋健同志把"南极精神"概括为："振兴中华、为国争光、艰苦奋斗、团结拼搏"。

2009年11月，李克强同志指出："极地考察是探索地球科学、认识自然奥秘的重要工作，关系我国发展的长远利益，对研究和应对全球气候变化也有现实意义。希望广大极地工作者继续发扬爱国、求实、创新、拼搏的'南极精神'，进一步发展极地事业，不断加强极地考察能力建设，扎实开展极地战略和科学研究，积极参与国际极地事务合作，谱写我国极地和海洋考察事业的新篇章，为造福人类社会、促进世界可持续发展作出应有贡献。"

同时，据新华社报道，纪念中国极地考察二十五周年座谈会指出："紧密围绕国家发展需求和极地考察国家目标，进一步拓展考察领域，开展更加广泛的国际合作与交流，努力增强在国际极地事务中的影响力，不断提升极地科研水平与后勤保障能力，努力维护中国在极地领域的权益，为建设海洋强国作出新的更大的贡献。"

　　从上不难看出，虽经历25年，"南极精神"的内核没有发生丝毫改变，那就是为了国家荣誉、国家利益，每一个科考参与者锻造出的不懈努力、无私奉献和科学理性的精神。正是"南极精神"具备了这个刚性的特质，我们一步一步看到了物质的载体长城站、中山站和昆仑站。所以，如果说昆仑站是一个精神坐标，"南极精神"就是这个坐标系当之无愧的原点。

　　内陆队将一座南极华鼎竖立于昆仑站前的广场上，它与冰穹A最高点的中华天鼎彼此呼应，相映成辉。南极华鼎铭文记载：

　　　　在南极内陆建站，将实现中国南极科学考察从南极大陆边缘向大陆腹地的历史性跨越，是中国南极科学考察史上一座瑰伟的里程碑，也将是中国对2007—2008国际极地年作出的杰出贡献。第25次中国南极科学考察队于2009年1月在冰穹之巅建成中国南极内陆昆仑站，旨在拓展考察区域，勇攀科学高峰，为人类和平利用南极创立丰功伟业。华兆硕果，鼎志盛世。值此建站之际，特立华鼎，以为纪念。

　　南极华鼎内壁铭刻了中国南极考察大事记：

198

第四章　昆仑出

The Establishment Of Kunlun Station

　　1964年2月，中国政府明确提出，将在未来开展南北极考察。

　　1983年5月，第五届全国人大常委会第二十七次会议通过了中国加入《南极条约》的决议，同年，中国成为《南极条约》缔约国。

　　1984年10月，中国党和国家领导人邓小平为中国首次南极科学考察题词"为人类和平利用南极做出贡献"。

　　1985年2月，中国南极长城站在乔治王岛建成。同年10月，中国被正式接纳为《南极条约》协商国。

　　1989年2月，中国南极中山站在东南极拉斯曼丘陵地区建成。

　　2009年1月，中国南极内陆昆仑站在冰穹A地区建成。

　　鼎内铭文记下了中国人在南极的脚印，也是中国走向光辉历史的足迹，预言着一个东方大国的崛起。

　　昆仑站建成之际，以国家海洋局副局长、昆仑站建设的主要决策者陈连增为团长的政府代表团已从澳大利亚凯西站登上"雪龙"号驶向南极中山站。1月29日，考察队领队杨惠根陪同政府代表团，于13时40分搭乘一架德国固定翼专机飞往昆仑站，原计划4小时的飞行时间，在飞行1小时后，接到气象资料报告，冰穹A地区气候突变，飞机不能降落。代表团只好中途折返，回到"雪龙"号等待再赴昆仑站的时机。几天过后，气候仍不见好转，冰穹A风大、能见度低，飞机无法起飞，杨惠根内心充满煎熬。开站仪式不能再等了，如果再等下去，太阳仰角降低，辐射减少，一旦天晴，会突然降温，内陆队将陷入险境。

2月1日上午，政府代表团和考察队商量决定，不能再拖延开站仪式，仪式改为由中山站和昆仑站两地通过电话连线同步举行。中国第25次南极考察队邀请了澳大利亚、俄罗斯、印度以及爱沙尼亚的南极科考队员，参加中国昆仑站的开站仪式。

2月2日上午9时，庄严的时刻到来了。陈连增团长宣布昆仑站建成开站，并宣读了胡锦涛主席的贺电：

中国南极考察队：

在我国第一个南极内陆科学考察站建成之际，我代表党中央、国务院和全国各族人民，向在南极恶劣环境中迎难而上、团结协作、顽强拼搏，为建设中国南极昆仑站作出突出贡献的全体考察队员表示热烈的祝贺和诚挚的问候！

中国南极昆仑站的建成，必将拓展我国南极科学考察研究的领域和深度。这是我国为人类探索南极奥秘作出的又一个重大贡献。

希望同志们再接再厉、连续作战，深入推进考察活动，积极开展国际合作，努力取得更多考察研究成果，不断谱写我国南极科考事业新篇章，为人类揭开南极奥秘、和平利用南极作出新的更大贡献。

现在，祖国人民正在欢度中华民族的传统节日春节。借此机会，遥祝同志们节日愉快、身体健康、工作顺利！

胡锦涛

2009年1月27日

　　内陆队队长、冰川学家李院生被任命为首任昆仑站站长。

　　内陆队队员们聚集在昆仑站前，展开一面五星红旗。红旗与他们红色的防寒服，以及身后站房的中国红主色调，交相辉映。队员们高唱国歌，一张张伤迹斑斑的脸上，热泪纵横。

　　昆仑站前的方位标指向中国的每一个城市。一个孤立的冰雪大陆，和遥远的另一个大陆息息相通。科学家们以及全世界的目光都投向这个冰封的荒凉之地。这里的每一次冰崩、每一座冰山的融化以及雪地上沾染的每一粒尘埃，都与人类的命运息息相关。

　　昆仑站——南极白色帽子上佩戴了一个让人类认识它、也认识中国的红色徽标。

◎**1984年11月20日** 中国首次南极考察编队591人乘"向阳红10"号和"J121"号从上海港起航,赴南极洲建站并进行科学考察。本次考察包括对南设得兰群岛周围、阿得雷德岛北部总面积约10万平方公里的海域,进行以磷虾生物资源及其环境为重点的海洋综合考察,获取了测区范围的生物、水文、化学、地质、地球物理和气象六个专业的综合观测资料和样品。在测区内布设了观测站、测流点,同时在测区和德雷克海峡进行重力、地磁和水深测量,测线总长约3115公里。在往返横渡太平洋途中,又进行了以重、磁、深测量和表层水文、化学等要素测量为主的走航综合调查。通过本次考察,取得了大量的第一手观测资料,对所获资料、样品进行分析、测试与鉴定,以及初步综合研究,于1987年3月提出了约40万字的调查报告和一套图集。磷虾生物学及水文状况的研究基本达到了国际南极海洋生物系统及其资源考察的水平,并发现了一些生物的新属、新种和新记录。在地质调查中取得了近4万公里的重、磁观测资源,运用板块、地体理论较好地解释了东南太平洋和南极半岛海域的地质构造。水、气、沉积物及生物样品中多种无机及有机物的综合分析研究,对南大洋海洋化学规律的揭示达到了新的高度。对考察海区现场气象状况有了基本了解。1985年4月10日,中国首次南极考察编队乘"向阳红10"号船和"J121"号船顺利返回上海。

◎1985年11月20日　中国第2次南极考察队乘飞机分批分期离开北京，前往中国南极长城站进行夏季科学考察。第2次考察队共42人，队长高钦泉，其中包括智利科学家2人、香港摄影师1人(李乐诗)和香港《文汇报》记者1人(阮纪宏)。本次考察建成了长城站通讯房并安装了卫星通讯设备，20名科研人员进行了地质学、地貌、高空大气物理、地震、地磁脉动、生物学、气象学、海洋学、冰川学、天文学、大地测量等的考察和观测，获得了一批新的标本和数据。

◎1986年10月31日　中国第3次南极考察队和"极地"号首航南极洲欢送大会在青岛国家海洋局北海分局码头举行。1987年5月15日，中国第3次南极考察队完成长城站扩建和科学考察任务后乘"极地"号胜利返回青岛。

◎1987年11月1日　中国第4次南极考察队（38人）在队长贾根整带领下，乘飞机离开北京，途经加拿大、智利，于11月9日顺利到达中国南极长城站。

◎1988年11月20日　中国第5次南极考察队首次东南极考察队116人乘"极地"号船（船长魏文良，政委朱德修）从青岛起航赴东南极大陆建立中山站和进行科学考察。1989年1月26日，考察队在普里兹湾拉斯曼丘陵举行了中国南极中山站的奠基仪式。2月26日中山站顺利建成并举行落成典礼，中山站第一任站长由郭琨担任，副站长由高钦泉和高振生担任。2月27日，首次东南极考察队乘"极地"号船撤离中山站，留下以高钦泉为越冬队长的越冬队

（20人）在中山站首次越冬考察。4月，中国首次东南极考察队在"极地"号船上编写了中国首次东南极考察暨中山站建站纪行《远征东南极》（上下册）。

◎1989年10月30日　在青岛北海船厂码头举行了中国第6次南极考察队赴南极欢送大会。中国第6次南极考察队首次实施"一船两站"计划，领队由万国铭担任，中山站队长由李振培担任，副队长由董兆乾（兼越冬队长）担任，船长魏文良，船政委朱德修，长城站队长张杰尧（兼越冬队长）。

◎1990年11月16日　中国第7次南极考察队长城站队，乘飞机离开北京赴长城站考察。

◎1991年11月30日　中国第8次南极考察队乘"极地"号船从青岛港起航赴南极洲。

◎1992年11月20日　中国第9次南极考察队乘坐的"极地"号科学考察船在赴南极洲途中首次停靠新西兰的惠灵顿港。

◎1993年11月25日　中国第10次南极考察队（长城站）队长王永奎率全体队员乘飞机离开北京，赴长城站进行科学考察。

◎1994年11月17日　中国第11次南极考察队长城站队29人从北京出发，经东京、洛杉矶、迈阿密、圣地亚哥、彭塔阿雷纳斯飞往长城站。度夏队和越冬队队长由薛祚纮担任，副队长由董利担任。

◎1995年11月20日　中国第12次南极考察队欢送仪式在上海民生路码头举行。

◎1996年4月1日　中国第12次南极考察队乘"雪龙"号极地考察船回到

上海港。

◎1996年10月11日　国家海洋局极地考察办公室研究决定,中国第13次南极考察队长城站站长为龚天祯,环境官员为吴军;中山站站长为糜文明,副站长为秦为稼、陈波,环境官员为陈波(兼)。同年11月18日,中国第13次南极考察队乘极地科学考察船"雪龙"号从上海港起航。1997年1月18日至2月1日,中国第13次南极考察队中山站内陆冰盖野外考察队8人分乘三辆雪地车和三台雪橇,拖载着25吨重的物资,在队长秦为稼带领下,进行了中国首次内陆冰盖考察。4月20日,中国第13次南极考察队完成全部夏季科学考察任务后乘"雪龙"号极地考察船回到上海港,受到国家海洋局、上海市领导及各界人士的热烈欢迎。

◎1997年11月15日　中国第14次南极考察队乘"雪龙"号船从上海起航。

◎1998年4月4日　中国第14次南极考察队圆满地完成了南极考察"九五"计划第二年的科学考察任务,乘"雪龙"号船返回上海。

◎1998年12月10日　中国第15次南极考察队长城站队(16人)在队长孙云龙的带领下,从北京乘飞机赴南极长城站。第15次南极考察队由长城站考察队、中山站考察队、内陆冰盖(中山站至Dome—A)考察队、格罗夫山地质考察队、南大洋考察队和"雪龙"号组成。本次南极考察队队长王德正,长城站站长孙云龙,中山站站长李果,"雪龙"号船长袁绍宏。第15次南极考察队实施"一船一站"考察,即长城站队员乘机前往长城站,中山站及其他考察队员乘"雪龙"号赴中山站考察。

◎1999年1月8日　　中国第15次南极考察队第三次内陆冰盖考察队（10人）乘雪地车抵达冰穹A（南纬79°16′，东经76°59′），离中山站1100千米，海拔3900米，历时25天。1999年4月2日，中国第15次南极科学考察队圆满完成各项考察任务后乘"雪龙"号船返回上海港。

◎1999年11月1日　　中国第16次南极科学考察队乘"雪龙"号离开上海，奔赴南极。本次考察完成了考察站的物资和燃油的卸运工作，对考察站的发电机组、各种车辆设备等进行了维修保养，对部分建筑进行油漆粉刷，拆除了地磁观测空房、旧发射天线及铁塔，清理了站区环境，运回了站上各种废旧物资、废油和各种垃圾等。长城站科学考察 GPS国际联测执行99/00南极夏季1月20日至2月20日国际全南极的GPS观测，目的是针对大地形变开展的观测研究，共取得30天的联测数据光盘。2000年4月5日，中国第16次南极科学考察队和"雪龙"号全体船员与第15次南极科学考察队中山站越冬队员一起，顺利抵达上海港外高桥码头。

◎2000年12月6日　　国家海洋局在北京举行了热烈欢送中国第17次南极考察队的启程仪式。在本次考察中，中山站开展了如下科考项目：一、气象常规与臭氧观测；二、中日合作高空大气物理观测；三、地磁常规观测；四、国际GPS联测与海平面监测；五、停止固体潮常规观测项目善后工作；六、停止中层大气常规观测项目善后工作。中国第17次南极考察队分别于2000年12月初和2001年1月初乘飞机赴长城站和中山站现场执行度夏和越冬的科学考察任务。

◎**2001年11月5日**　　国家海洋局党组同意中国第18次南极考察队成立临时党委。临时党委由魏文良、袁绍宏、裴福余、丁磊、夏立民、高郭平、陈永祥七人组成，魏文良担任党委书记，丁磊担任党办主任。11月15日，中国第18次南极考察队搭乘"雪龙"号科学考察船从上海港浦东新华码头起航。2002年4月2日，中国第18次南极考察队圆满完成考察任务，乘"雪龙"号考察船返抵上海。

◎**2002年11月20日**　　中国第19次南极考察队乘"雪龙"号科学考察船从上海起航。本次南极考察队在长城站首次建立了卫星电视接收器，长城站的考察队员首次能够实时收看到2003年春节联欢晚会。2003年3月20日，我国第19次南极科学考察队乘"雪龙"号回到上海。

◎**2003年11月22日**　　中国第20次南极考察队中山站首批7名队员乘澳大利亚南极考察船安全抵达中山站。本次考察将开展极地环境生态研究；围绕"十五"能力建设项目做前期准备，拆除影响站区建筑布局、功能已被替代的旧建筑物；进行通讯、局域网规划及物资管理数据库模型的前期调研、论证；进行站区国有资产清查、统计工作。

◎**2004年10月25日**　　中国第21次南极考察队乘"雪龙"号起航。中国第21次南极考察开展长城站夏季考察、越冬考察；中山站夏季考察、越冬考察；内陆冰盖考察；南大洋考察六项科考活动。原中国极地研究中心主任，现为国家海洋局国际合作司司长张占海博士任领队兼首席科学家，原中国极地研究中心副主任、"雪龙"号船长，现为中国极地研究中心党委书记、副主任袁绍宏任副领队。2005年1月9日22时15分（北京时间），中国第21次南极考察内陆冰盖昆仑科学考察队成功登上南极内陆冰盖海拔最高地区。1月18日3时15分（北京时间）确定了Dome—A最高点位置（南纬80° 22′ 00″，东经 77° 21′ 11″）的高程为4093米。2月8日，国务院副总理曾培炎向成功登顶Dome—A地区并安全返回中山站的中国南极内陆冰盖昆仑科学考察队致电祝贺。2004年3月24日，中国第21次南极考察队圆满完成任务返回上海。

◎**2005年11月18日**　中国第22次南极考察队部分队员乘"雪龙"船从上海起航赴南极中山站。2006年3月28日，中国第22次南极考察队凯旋回国。

◎**2006年12月3日**　中国第23次南极考察长城站12名越冬队员和15名度夏队员离开北京赴南极，12月9日乘智利空军飞机抵达长城站。根据国家海洋局的安排，中国第23次南极考察队将执行站基考察任务，"雪龙"号将不去南极执行补给和大洋考察任务。科考项目将依托两站后勤支撑平台，开展站区附近的考察项目。2007年2月28日，第23次南极考察长城站15名度夏队员完成夏季考察任务顺利回国。

◎**2007年3月1日**　"（2007/2008）国际极地年中国行动"启动仪式在京举行。2007/2008年度主要开展中山站—冰穹A断面和冰穹A综合考察、艾默里冰架考察、南大洋普里兹湾—南印度洋断面调查等考察任务。2007年11月12日，中国第24次南极考察队从上海起航。11月28日，长城站队员由北京乘飞机赴南极执行中国第24次南极考察长城站越冬考察任务。本次南极考察队将主要实施中国极地"十五"能力建设的两站改造项目和"国际极地年中国行动计划"之科考任务。2008年4月15日，中国第24次南极考察队凯旋回国。

◎**2008年10月20日**　中国第25次南极考察队出发。此次南极考察的规模空前巨大，人数多达204人，其中船员40人。队员中的31人搭乘飞机前往中山站，其中有6名韩国机组成员，1名比利时记者。中国第25次南极考察队（2008/2009）除继续实施"国际极地年中国行动计划"之科考任务和中国极地"十五"能力建设之长城站和中山站改造项目外，将重点进行内陆考察站建设项目。2009年1月7日凌晨，中国第25次南极考察队内陆冰盖考察队成功登顶南极内陆冰盖的最高点冰穹A，并随即在这里正式开工建设中国第三个南极科学考察站——昆仑站，开始了对冰穹A的科学考察。

◎**2009年10月11日**　中国第26次南极考察队出发。中国第26次南极科学考察队（2009/2010）除继续实施"国际极地年中国行动计划"的科考任务和中国极地"十五"能力建设的长城站和中山站改造项目外，将重点进行内陆考察站建设二期项目。2010年1月1日，中国第26次南极考察格罗夫山队从格罗夫山地区最高峰梅森峰转移到哈丁山地区，在这里开展了为期30天的科学考察，并于30日撤离该地区。南极格罗夫山核心区哈丁山地区是中国独立提出并获得批准的第一个"南极特别保护区"。

（摘自中国极地考察管理系统 http://polar.chinare.gov.cn）

在本书付梓之前，想写几句话。

一、本书的成因，事出文学名刊《十月》约稿，该刊副主编、著名散文家周晓枫女士热情安排了具体的采访行程，使我很快对中国南极考察这一涉及科学和诸多国际政治环节的命题深感兴趣。

二、本书的写作承蒙中国极地研究中心的大力支持，特别是高空大气物理学家、中国极地研究中心主任杨惠根博士，为我的采访活动提供了便利条件，使得密集的采访能够在较短时间内完成。他还在本书主要内容的写作方面，提出了有益的建议。可以说，没有杨惠根先生的帮助，本书的写作计划很难实现。杨惠根先生认真严谨、讲求效率、处事果断、追求卓越、充满激情的工作作风，给我留下了深刻印象。

三、本书在采访过程中，得到主管南极考察事务的国家海洋局副局长陈连增先生的支持和帮助，他在百忙之中不仅耐心地接受了长达几小时的采访，对南极考察鲜为人知的决策环节进行了透彻清晰、生动简明的讲述，还畅谈了自己对南极考察事业作为国家意志的精深解读以及切身感受。陈连增先生逻辑缜密、思维敏捷、勤勉严谨、朴实敦厚的形象令人难忘，尤其是他注重事实依据、追求完美、勇于决断的科学精神和行事风格令人敬佩。

四、本书在采访过程中，得到中国极地研究中心信息中心主任朱建钢先生的诸多帮助，他热情、细心、周到、高效的采访安排，使我很快完成了采访任务和资料收集工作。朱建钢先生诚恳、谦逊、耐心、温和、敦厚，让我深受感动。

五、本书写作基本完成之后，原中国极地研究中心副主任，现为国家海洋局极地考察办公室党委副书记秦为稼先生，首任昆仑站站长、冰川学家李院生先生等，提出很多宝贵的修改意见。尤其是老一代科学家董兆乾先生，对原稿部分篇章逐字逐句进行了推敲，其一丝不苟的科学态度和负责精神，令我感动。我的同事张卫平先生对书稿进行了认真校对，纠正了其中的许多笔误和错讹之处。

六、中国极地研究中心为本书提供了精美的南极考察现场摄影图片，我相信，这些图片会使读者有身临其境之感，体会文字所不能表述的内容。它使本书图文并茂，锦上添花，更显旨趣高洁，品质典雅。

七、我的朋友杭海路先生、唐晋先生为本书的出版筹划，竭诚相助，颇费心力，友情笃挚，可窥一斑。

在此，一并深表谢忱！

作 者

2010年6月

太原寓所